Karsten Brocke

WISSEN ON AIR®

So werden Sie zum B€STSELLER

Wenn Du siegen willst, lass andere gewinnen

NEUROMARKETING

aus der Praxis für die Praxis

Mit dem Bonusmaterial des „Original-Drehbuchs"

zum FAIRkaufsBROCKEn®

einem Vorwort von Bernd W. Klöckner

und dem Gastbeitrag von Frank Rehme

BROCKE-GROUP, Karsten Brocke, Berlin

Internet: www.karsten-brocke.de, www.brocke-group.de
E-Mail: info@karsten-brocke.de
Speaker und Verhaltenstrainer
Der Berufsverband für Trainer, Berater und Coaches (BDVT e. V.),
GSA, Fachjournalistenverband (DFJV)

1. Auflage, Juni 2013
2. Auflage, April 2014
3. Auflage, Januar 2016
4. Auflage, Februar 2017
5. Auflage, Januar 2018
6. Auflage, Januar 2019

Verlag: Raffler Verlag – Anne Raffler
          Siechenkamp 16 d
          59557 Lippstadt
          T. +49 (0)2941-9250858 · F.+49 (0)2941-925101
          E-Mail: office@raffler-verlag.de · www.raffler-verlag.de

Umschlagidee: Karsten Brocke
Gestaltung: Finea UG

Fotos und Grafiken: Karsten Brocke, Fotolia
Lektorat: Thomas M. Dumont / Kommunikationsberatung

Gesamtherstellung: Raffler Verlag, Lippstadt

SPEAKERS EXCELLENCE   Bestseller Forum

Ein Mensch funktioniert wie ein Fallschirm,
er funktioniert nur wenn er offen ist.

Karsten Brocke

- Simplicity -

Verständlichkeit ist keine Utopie, sondern eine Philosophie.

Karsten Brocke

Inhaltsverzeichnis

**Sie haben bisher nicht falsch beraten,
nur nicht mehr zeitgemäß.**

Karsten Brocke

Vorwort von Bernd W. Klöckner®

Danke. An Dich, *Karsten*. Für die Ehre, dass ich das Vorwort zu Deinem Bestseller schreiben darf. Danke. An Sie, liebe Leserinnen und Leser. Entweder haben Sie das Buch, das auch ein echtes Arbeitsbuch ist, geschenkt bekommen. Dann zeichnet Sie aus, dass Sie Freunde haben, die an Sie glauben und Ihnen helfen wollen, sich selbst besser zu vermarkten, um noch mehr Erfolge „einzufahren" und wissen, dass Sie Interesse an Neuem haben. Oder Sie haben sich dieses Buch selbst gekauft. Dann gehören Sie zu der in der Berater- und Verkaufsbranche immer noch zu seltenen Spezies, die weiß, dass Investieren in gute Bücher, CDs, DVDs und Seminare für Gewinner dazu gehört. Dazu gratuliere ich Ihnen wirklich von Herzen. Einige von Ihnen kennen mich aus den Seminaren und mehrtägigen Intervall-Trainings zur Klöckner-Methode wie zur Verkaufstherapie®. Einige von Ihnen kennen mich durch diverse TV Auftritte zum Thema Rente, Finanzen und Kapital.

Oder Sie haben eines meiner eigenen Bücher gelesen. Wieso schreibe ich das? Weil: *Karsten Brocke* gehört für mich zu den wenigen, zu den ganz wenigen Menschen, die mit Authentizität und Leidenschaft Bücher schreiben. Ich darf behaupten, dass ich wohl den Großteil an Verkaufsliteratur gelesen habe. Oftmals wird nach wenigen Zeilen deutlich, dass die Autorin oder der Autor selbst wohl lange in keinem Verkaufsgespräch mehr gesessen hat.

Wenn Sie die ersten Seiten des Interviews von und mit *Karsten Brocke* gelesen haben, wird Ihnen sofort auffallen: Hier schreibt ein Profi aus der Praxis für die Praxis. *Karsten Brocke* bringt auf den Punkt, was Sie wissen müssen. Manches werden Sie so oder anders bereits einmal ähnlich gelesen haben.

Dann achten sie auf die Feinheiten und die Details, die *Karsten Brocke* einbringt. Besonders gefallen mir die Ausführungen zur modernen Vermarktung mit den aktuellen Erkenntnissen des Neuromarketing und die innovative Gesprächsführung beim Thema „Das Drehbuch" des Verkaufsprozesses. Ich sage: Dieses Buch ist für mich ein klarer Kauf. Ich beweise es Ihnen: Wenn Sie in insgesamt zwei Jahren nur vier Mal zusätzlich 24,22 Euro durch ein gutes Geschäft – auf Grundlage der Methoden und Techniken von *Karsten Brocke* – verdienen, hat sich die Investition in dieses Buch mit sage und schreibe unglaublichen 25 Prozent Rendite gelohnt. Das bedeutet auch: Tun Sie Freunden und Bekannten einen Gefallen.

Empfehlen Sie dieses Buch. Ihre Freundinnen und Freunde, Ihre Bekannten werden sagen „Danke. Das war sehr wertvoll!". – Abschließend mit der von mir gelebten Transparenz noch ein privates Wort zu *Karsten Brocke*: Ich bin nun über 28 Jahre aktiv im Verkauf und Training.

In diesen mehr als 28 Jahren habe ich viele zehntausend Menschen in der Verkaufs- und Finanzbranche getroffen. *Karsten Brocke* ist für mich ein Mensch, für den Worte wie „Treue", „Networking", „Beziehungen aufbauen, pflegen und weiter aufbauen", „Verlässlichkeit" und „Vertrauen" eine konkrete und immer wieder aufs neue gelebte Bedeutung haben. Ich zolle Dir, lieber *Karsten*, meinen Respekt und meine Anerkennung. Für Deinen großartigen Erfolg als Redner und Trainer der Praxis. Für Deinen großartigen Erfolg als Bestsellerautor.

Für Deine unglaublich authentische Art und Weise. Ich wünsche Dir, dass Dich noch viele tausend Menschen immer und immer wieder erleben wollen.

Du hast großen Erfolg. Und bekanntlich hat Erfolg nur, wer mehr tut als nötig, und das immer! Du hast mehr getan als nötig. Und das immer! Du tust mehr als nötig! Immer! Damit bist Du für mich mit Deinen Werten wie in Deinen Aussagen als Verkäufer glaubhaft. Und deswegen gilt – um in der Sprache der Börsianer und Geld-Typen zu sprechen: *Karsten Brocke* als Trainer und Autor ist ein klarer Kauf!

Ihr Bernd W. Klöckner®
Master of Arts (Univ.), Dipl. Bwt.(FH), MBA

BWK BERND W. KLÖCKNER®
Wir entwickeln Verkäufer®

**Es kommt darauf an,
Menschen zu bedienen,
keine Klischees.**

Karsten Brocke

An meine Leser und Freunde – wichtig

Wenn Sie sich fragen, was bringt mir diese Lektüre, dann denken Sie doch einmal über Folgendes nach: für Erfolge gibt es Gründe und für Misserfolge auch. Für ein erfülltes Leben gibt es Gründe und für verpasste Chancen auch. Dieses Buch wird eine wirkliche Bedeutung für Sie haben. Es ist ein Buch, angefüllt mit gesammeltem Wissen, Erfahrungen und Erkenntnissen aus über 15 Jahren Studium der gelebten Praxis, mit Erkenntnissen der Fehler und Stärken verschiedenster Berater und Verkäufer draußen an der „Front", Tausenden eigener Verkaufsgespräche, nachweislichen Erfolgen und auch Niederlagen, Wissen aus der modernen Hirnforschung, der analytischen Kaufpsychologie und des Neuromarketing,

Dieses Buch wird ein Meilenstein in Ihrer Wissens-ansammlung als Berater, Verkäufer, Führungskraft oder einfach nur als Konsument im täglichen Kaufprozess sein. Ich möchte in diesem Buch nicht als Besserwisser rüber kommen, sondern als Besserbefähiger. Ein Verkäuferleben ist ja nun mal kein Honigschlecken und wenn, dann ist der Honig mit Sicherheit am Dornenzweig. Es ist daher ein Buch zum stöbern, lernen, studieren und arbeiten. Vielleicht mein wichtigstes Buch! Denn S I E werden Erkenntnisse erhalten, die Sie so noch nicht gelesen haben, Sie werden Erkenntnisse bestätigt bekommen und Sie werden Erkenntnisse erwerben, die ihren Verkaufserfolg revolutionieren können. Mein derzeitiges Lieblingszitat: GUTES BEWAHREN UND NEUES WAGEN soll der Begleiter sein in Ihrem Denk- und Umdenkungsprozess. Sie werden schnell erkennen: Sich selbst und die eigenen „Denkmuster" im (Ver-)Kaufprozess zu hinterfragen, macht Sinn, denn wenn Sie wissen, wie Sie sich das Verkäuferleben erleichtern können und es dann nicht tun, dass wäre... (*Bitte selbst den Satz zu Ende führen!*)

Die Frage, die sich immer wieder Menschen stellen, ist: "*Ist diese Lektüre ihren Preis wert*?" Ja - das ist sie, ist meine klare Antwort. Andere fragen: "*Muss es denn so teuer sein*?" Und ich antworte dann gern: "*Nein - es ist viel zu günstig!*"

Was Sie hier erfahren, wird Ihr beratendes Verkaufsgespräch revolutionieren. Es wird Ihnen aufzeigen, wie Sie mit der Methodik der bewussten „Beeinflussung" Menschen A K T I V I E R E N. Sie werden schnell erkennen, wieso und weshalb Menschen kaufen und damit das Rüstzeug besitzen für einen klugen und innovativen KAUFPROZESS! Es geht nicht nur um Theorie und Praxis. Entscheidend ist der Anspruch an die Wirklichkeit.

Die Doppel CD für Ihr Auto bei der Fahrt zum Kunden wird dieses Buch abrunden. Hören Sie die Tracks oft und immer wieder. Laut einer Studie zur Lernpsychologie benötigt ein Mensch gut 225 Wiederholungen um etwas zu beherrschen.

Nehmen Sie sich die Zeit – es wird sich lohnen.

Besonders stolz macht mich, dass ich *Frank Rehme* gewinnen konnte, ein ganz besonderes Kapitel zu diesem Buch beizutragen.

Frank Rehme arbeitet als „Head of Innovation Services" bei der METRO AG. Seine über 35 Jahre Berufserfahrung in Handel und Industrie, sowie die ständige Begegnung mit Veränderungen, haben *Frank Rehme´s* Erfahrungsprofil stark geprägt.

Eine 25-jährige praktische Führungserfahrung hat zudem seinen Umgang mit Menschen in vielen Situationen bereichert. Innovationen und Handel sind sein tägliches Brot.
Er beschäftigt sich in dem weltweit operierenden Handels-konzern mit den Einkaufszenarien von morgen. Dort stellt er sich mit Innovationen und neuen Konzepten den Heraus-forderungen des Unternehmens, der Branche und der Gesellschaft im 21. Jahrhundert.

In mehreren Verbänden engagiert er sich zudem für die Fortentwicklung der jeweiligen Branchen. Trends und Veränderungen in der Gesellschaft sind seine Leidenschaft, unterstützt von einer ständigen Neugier auf Menschen und soziale Strukturen. Das Ganze kombiniert *Frank Rehme* mit Kenntnissen aus der Neurowissenschaft, um mit ganzheitlichen Ansätzen neue Lösungen zu erarbeiten.

Privat engagiert er sich in der Stiftung "Kultur für Kinder" und einer Initiative für die internationale Talent- und Begabungsförderung von Kindern aus kulturfernen Familien.

Jetzt noch ein paar Worte zu *Mario Schmidt,* meinem Moderator und Freund. *Mario Schmidt* ist seit über 20 Jahren als Moderator auf der Bühne, vor dem Rundfunkmikrofon oder der TV-Kamera im Einsatz und überzeugt dort durch seinen qualitativ hochwertigen, publikumsnahen und stilsicheren Auftritt. Er ist Moderator, Infotainer, Sprecher und Kreativkopf und hat sich durch seine berufliche Karriere einen breiten Überblick über die besten Vortragsredner – sprich Speaker und Trainer in Deutschland, Österreich und der Schweiz verschaffen können. Er weiß, wer Wissen unterhaltsam präsentieren und vermitteln kann. Gehen Sie mit *Mario Schmidt* aufs Ganze! Denn: "*Das Ganze ist mehr als die Summe seiner Teile*" (Aristoteles).

Mehr unter: www.marioschmidt.co

Nun aber los: Liebe Leserinnen und Leser! Sie werden mit dem Lesen dieses Buches, dem Hören dieser CD, Ihrer "Salesphobie" (Angst vor dem Verkauf) entgegentreten. Angst haben auch - und oft gerade besonders - die Stars. Das ist keine Schande! Die Angst zu besiegen, ist der Weg, auf dem dieses Buch Sie begleiten, ermuntern und fördern wird. Müssen Sie gleich alles richtig machen? Nein. Zahnärzte haben ja auch Karies und machen ihren Job trotzdem gut. Also Kopf hoch und angefangen, denn mit jedem Tag, an dem Sie n i c h t lernen und trainieren, werden Sie erst einen Tag später besser sein.

Ich wünsche Ihnen von ganzem Herzen so viel Freude beim Lernen, wie ich sie hatte beim Schreiben. Dieses Buch kann ein Lesezeichen in dem Buch *Ihres Lebens* werden.

Ihr Karsten Brocke

**Erfolg entsteht nur, wenn man den Mut
aufbringt, vom Misserfolgsvermeider zum
Erfolgsbringer zu werden.**

Karsten Brocke

Erfolgreiche Verkäufer
empfinden ihre Tätigkeit
als Arbeit mit Vergnügungssteuer.

Karsten Brocke

Kann ich wollen, was ich will?

MARIO SCHMIDT: *Karsten Brocke* - er ist seit Jahren einer der gefragtesten Speaker und Verhaltenstrainer im Themenfeld des beratenden Verkaufs, der Neukundengewinnung und der Kaufpsychologie. Sein Schwerpunkt liegt in der Aktivierung von Menschen mit der Verkaufstechnologie. Dazu nutzt *Karsten Brocke* die konsequente Umsetzung der Verhaltensökonomie.

Er gilt als d e r Speaker zum Thema *„Neuromarketing im modernen Kaufprozess"* in Deutschland, Österreich und der Schweiz. Sein Credo: "*Es werden M e n s c h e n geboren, keine Verlierer, keine Gewinner"*.

MARIO SCHMIDT: *Karsten Brocke* - ich möchte ein wenig – nur kurz - etwas zu Ihnen sagen, ist das ok?

KARSTEN BROCKE: Klar *Mario*. Wenn Sie Nettobotschaften senden, dann ja.

MARIO SCHMIDT: Das will ich auf jeden Fall tun.

Karsten, das scheinbare Motto so mancher Referenten ist: „Nicht das Erreichte zählt, sondern das Erzählte reicht". S i e sind nun wirklich anders!!! Ich habe Sie ja schon persönlich auf einer Roadshow kennen gelernt und festgestellt, dass ein guter Referent Lösungen anbietet und ein brillanter Referent inspiriert.

Sie inspirieren - und das immer mit einem Praxisbezug. Ich empfand Sie auch als einen echten - wie ich sage mal - DOPAMINER, Sie schaffen positive Gefühle bei Ihren Zuhörern!

KARSTEN BROCKE: Danke. Klar, ich denke, Menschen können selber denken und selber entscheiden, wie sie ihr Leben gestalten. Sie brauchen oft nur eine weitere oder neue Sichtweise, um eigene Potentiale in sich selbst zu entdecken. Und LERNEN darf ja bekanntlich Spaß machen.

In meinem letzten Buch steht auf der Rückseite „Ein Mensch funktioniert nur gut, wenn er wie ein Fallschirm funktioniert". Und ein Fallschirm, *Mario*, funktioniert nur gut, wenn er offen ist.

MARIO SCHMIDT: Sie sind ja auch immer ein Praktiker, also Sie sind seit über zwanzig Jahren im Verkauf und selbstständiger Unternehmer seit 1991. Und 1998, da haben Sie Ihre Akademie gegründet.

Sie sind seit Jahren einer der gefragtesten Speaker und Verhaltenstrainer im Themenfeld des beratenden Verkaufes, der Neukunden-Gewinnung und der Kaufpsychologie. Sie sind seit Jahren in den "TOP 100 der EXCELLENT SPEAKER" und Sie zählen zu den zehn erfolgreichsten Rednern Deutschlands. Sie haben drei Bücher geschrieben, das letzte Buch, *„Pilot oder Passagier"*, wurde ein echter Bestseller. Sie haben CDs erstellt und eine neue DVD im Jahr 2012 rausgebracht. Habe ich das so richtig dargestellt?

KARSTEN BROCKE: Ja, Bescheidenheit bei aller Stärke - ich bin nur die Nummer SIEBEN, *Mario*, weil: die NUMMER EINS ist ja schon 6x vergeben.

MARIO SCHMIDT: Sie sagen, *Karsten*, dass Sie im Verkauf von der Pike auf angefangen haben. Wie war denn Ihr erster Termin beim Kunden? Können Sie sich daran noch erinnern?

KARSTEN BROCKE: Es war 1991. Ich stand vor einer Tür. Meine damalige Führungskraft stand eine halbe Treppe tiefer und sagte: „So, jetzt musst Du da klingeln und musst in die Wohnung hinein". Ich dachte: "Ok, mach' das". Das Doofe, Mario, an der Tür stand ein Schild: Vertreterbesuche unerwünscht! Vielleicht können Sie sich hineinversetzen, wie ich mich gefühlt hab'.

Also, ich habe geklingelt, die Kunden haben damals aufgemacht, war alles total entspannt und wir haben gelacht. Alles war gut.

MARIO SCHMIDT: Ja - und ich weiß - Ihr erstes Verkaufsgespräch, das war recht kurz.

KARSTEN BROCKE: Ja, ich hab' es auswendig gelernt und zwar war ich damals in der Finanzdienstleistung tätig und Anfang der 90er Jahre war das anders als heute.

Ich stand also nicht nur vor der Tür, sondern ich war ja auch irgendwann mal drin und dann habe ich folgendes Gespräch geführt. Vielleicht können Sie ja mal mitmachen, Mario?

MARIO SCHMIDT: Gern.

KARSTEN BROCKE: Ich hab folgende Frage gestellt:

„Sagen Sie, Mario, was macht ein Schiff, das in den Hafen fährt?"

MARIO SCHMIDT: Mhh - - - es legt an?

KARSTEN BROCKE: Ich antwortete dann: "Apropos, anlegen. Lassen Sie uns genau darüber reden, Mario. Und so schnell waren wir im Thema. Ich glaube und weiß: heute kann man so nicht mehr in den beratenden Verkauf starten.

MARIO SCHMIDT: Ja, cool - und wie lange haben Sie das durchlebt, also das Geschäft auf der Straße?

KARSTEN BROCKE: Ja - gut 8 Jahre war ich „auf der Straße". Habe über 5.000 Beratungsgespräche geführt, also ich kenn' das Gefühl von Ablehnung, kenn' das Gefühl von Erfolg und bin dadurch, ja - härter, disziplinierter und auch konsequenter geworden.

MARIO SCHMIDT: Oh, *Karsten Brocke*: Wie sind Sie dann zu Ihrem Traumberuf des Verhaltens- und Verkaufstrainers gekommen?

KARSTEN BROCKE: Ja - 1993 zu 94, habe ich ein Seminar besucht und zwar bei *Dale Carnegie*.

Es gab einen Trainer in Berlin, *Martin Sinell*, und der hat ein 6-monatiges Training angeboten. Ich habe damals einen Kredit aufgenommen, weil - das war recht teuer - und habe das auch durchgezogen. Immer Freitagabend und Samstag und, ja am Ende des Seminars, nach 6 Monaten wusste ich nicht mehr, von wo ich w e g wollte, sondern ich wusste, wo ich h i n wollte. Und das ist etwas, was mein Leben dann verändert hat.

MARIO SCHMIDT: Also wollten Sie w i r k l i c h, *Karsten* – ist das so?

KARSTEN BROCKE: Genau, im Prinzip habe ich in mir die Bereitschaft entwickelt, etwas aus meinem Leben zu machen, hab' mir dann die Fähigkeiten angeeignet, es zu tun und dann entstand der unbedingte Wille, wirklich als Verkaufs-/ Persönlichkeits- und Verhaltenstrainer tätig zu werden und ja - es hat dann auch noch eine Weile gedauert; '98 war ich ja dann mit meiner Ausbildung auch erst fertig.

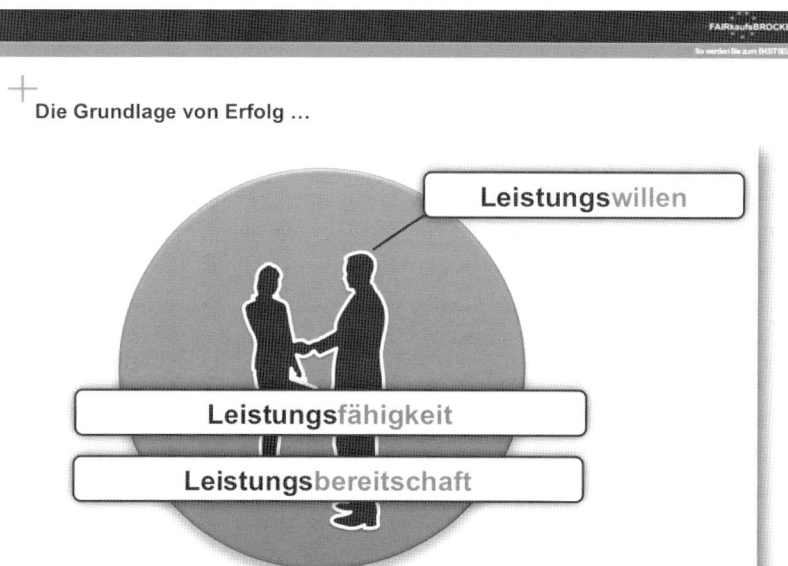

Die Grundlage von Erfolg ...

MARIO SCHMIDT: *Karsten*, wie schaffe ich es denn, mir einen starken Willen anzueignen und was bedeutet das eigentlich ganz genau?

KARSTEN BROCKE: Hm, *Mario*, ich möchte das mit einer Geschichte von *Sokrates* am besten erläutern. Diese Geschichte beschreibt, wie man wirklich Erfolg generiert und mein Freund *René Giese* lebt diese Geschichte.
Er hat mich dazu inspiriert, sie mit in das Buch zu nehmen. Seine Art und Weise im Umgang mit sich selbst und seinen Mitstreitern ist voller Wertschätzung und klarer Fokussierung auf den Erfolg.

Die Geschichte von *Sokrates*

Eines Tages kam ein junger Mann zu *Sokrates*, der für seine Weisheit bekannt war, und fragte: *"Was ist das Geheimnis für Erfolg im Leben?"* *Sokrates* antwortete: *"Komm morgen früh zum Fluss."* So geschah es.

Am nächsten Morgen standen sie am Ufer und *Sokrates* sagte: *"Jetzt gehen wir in den Fluss."*
Der junge Mann folgte *Sokrates* natürlich bereitwillig. Als beide bis zum Hals im Wasser standen, packte *Sokrates* den jungen Mann ganz plötzlich und drückte dessen Kopf unter Wasser.

Der arme Kerl wehrte sich verzweifelt, aber *Sokrates* ließ ihn nicht los. Lange, lange nicht. Als *Sokrates* endlich seinen Griff lockerte, prustete und hechelte der junge Mann völlig außer sich. Der junge Mann fragte: *„Wieso machst Du das, Sokrates? Wieso?"*

Sokrates fragte: *"Als du dort unten im Wasser warst: was wolltest du am meisten?"* *"Luft natürlich!"* rief der junge Mann - *„Luft!!!"* *"Siehst, du"*, sagte *Sokrates*, *"das ist das Geheimnis des Erfolges."*

"Wenn Du s o Erfolg willst, wie du unter Wasser nach Luft gerungen hast, dann wirst du auch Erfolg haben."

MARIO SCHMIDT: Hmm, also diese kurze Geschichte, die bringt es wirklich auf den Punkt. Wenn man also etwas wirklich will, von ganzem Herzen, mit ganzer Leidenschaft, dann wird man Wege finden, dies auch zu bekommen.

KARSTEN BROCKE: Genau so ist es.

MARIO SCHMIDT: Ok, verstehe. Was müssen denn heute moderne Vermarkter aus Ihrer Sicht in sich tragen, um wirklich erfolgreich werden zu können?

KARSTEN BROCKE: *Mario*, im Prinzip sind es vier Faktoren. Ich fasse erst einmal zum Anfang zusammen und dann gehen wir sie einzeln durch, ok?

MARIO SCHMIDT: Ok Karsten.

KARSTEN BROCKE:

- *Prägnanz,*
- *Substanz,*
- *Relevanz und*
- *Präsenz.*

Und nun schauen wir es einzeln mal an.

Wissen Sie, was *Prägnanz* ist?

MARIO SCHMIDT: Ich denk', es dreht sich alles um die Überzeugung.

KARSTEN BROCKE: Ja, absolut. Prägnanz bedeutet, ich muss eine überzeugende Wirkung auf andere Menschen haben.

Machen wir mal ein Beispiel. Ich gehe in eine Bar und spreche eine Frau an, ok?

MARIO SCHMIDT: Ok.

KARSTEN BROCKE: Und sage ihr: "*Ja - wollen wir tanzen?*"
Die Frau sagt: „*Nein*". Und ich drehe mich auf dem Hacken um
und gehe wieder, ok?

MARIO SCHMIDT: Ja.

KARSTEN BROCKE: Eigentlich habe ich ja nun die Frau
beleidigt. Es war nicht wert, um sie zu kämpfen. Null Wirkung,
null Überzeugung, das heißt, erst wenn ich von mir selbst
überzeugt bin und überzeugend wirke, habe ich eine Chance,
und ich glaube, dass es so auch 'rüber kommt. Ok?
Das zu Prägnanz.

Schauen wir uns *Substanz* an. Was, schätzen Sie, ist
Substanz?

MARIO SCHMIDT: Hm, also es geht darum, um die
Grundlagen des theoretischen Wissens.

KARSTEN BROCKE: Ja, absolut. Wenn ich theoretisches
Wissen habe, muss ich es aber auch in die Handlungen
übertragen, das heißt, Wissen allein reicht nicht. Das kennen
Sie aus vielen Gesprächen, die Sie auch schon geführt haben.
Wissenschaftler reden ein Zeug, und du verstehst kein Wort
und weißt eigentlich nicht, was du damit anfangen sollst.

Das nächste ist *Relevanz* und Relevanz ist nichts weiter, als
wenn ich die Wichtigkeit erkenne, dass ich dann auch die
Notwendigkeit erkenne und ins Handeln komme, um zu sagen:
"*Ja, ich erledige es*".

Waren Sie schon mal beim Arzt?

MARIO SCHMIDT: Ja, auf jeden Fall, des Öfteren.

KARSTEN BROCKE: Genau. Einem Arzt unterstellt man zum Beispiel Relevanz. Also ich gehe hin, er erkennt, was los ist, er untersucht mich, macht eine Anamnese und zum Schluss schreibt er mir dann was auf?

MARIO SCHMIDT: Ein Rezept.

KARSTEN BROCKE: Und damit gehe ich zur Apotheke und löse mein Problem. Also Ärzten unterstellt man einen hohen Grad an Relevanz.

So, und dann bleibt zum Schluss eigentlich nur eins übrig, *Präsenz*. Was ist das aus Ihrer Sicht?

MARIO SCHMIDT: Da geht es um das Thema Charisma vielleicht?

KARSTEN BROCKE: Absolut. Ich muss konzentriert sein, ich muss wirken und zwar positiv wirken und genau das entsteht durch Charisma.

Charisma, wie Sie wissen, entsteht durch nonverbale Kommunikation, also wie ich mich bewege, was ich tue, wie ich schaue, also all das, was mein Körper, meine Seele, mein Geist nach außen trägt, in meiner Mimik, in meiner Haptik, also all das, was ich so sende.

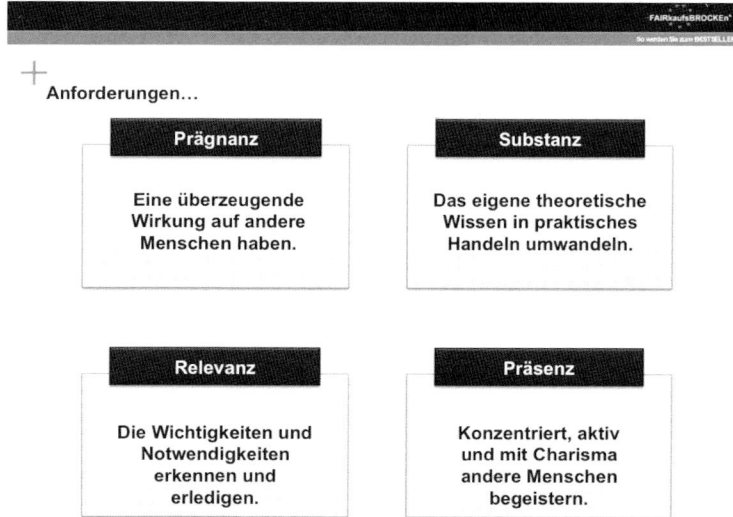

Anforderungen...

Prägnanz	Substanz
Eine überzeugende Wirkung auf andere Menschen haben.	Das eigene theoretische Wissen in praktisches Handeln umwandeln.

Relevanz	Präsenz
Die Wichtigkeiten und Notwendigkeiten erkennen und erledigen.	Konzentriert, aktiv und mit Charisma andere Menschen begeistern.

Sie sehen ja den *Clooney*, wenn er bei seiner Kaffeewerbung so wirbt. Er sagt keinen Ton und wirkt mit Charisma.

MARIO SCHMIDT: Nicht jeder ist ein *Clooney,* aber wir geben uns alle Mühe, also ok, bis dahin habe ich es schon mal verstanden.

Aber nun stellt sich eine spannende Frage: *„Wie entsteht denn ein eigener Wille, um letztendlich ja wirken zu wollen?"*

KARSTEN BROCKE: Ja, das ist die spannende Frage, *Mario.* Ich möchte dazu von meinem Freund *Edgar Itt* erzählen. Wieso?

Edgar war einer der erfolgreichsten Hürdenläufer, Medaillen-gewinner bei den Olympischen Spielen, sowie bei Welt- und Europameisterschaften. Höhepunkt seiner Karriere war der Gewinn der Bronze-Medaille 1988 mit der Deutschen Staffel bei den Olympischen Spielen in Seoul.

MARIO SCHMIDT: *Edgar Itt* ist auch einer der führenden Redner in Deutschland, Österreich und der Schweiz – stimmt's?

KARSTEN BROCKE: Ja, und er ist eine klare Empfehlung!!!

MARIO SCHMIDT: Ok, angenommen.

KARSTEN BROCKE: Also *Edgar* hatte zwei Visionen. *Edgar* saß 1984 vor dem Fernseher und verfolgte die Olympischen Spiele von Los Angeles. Sah die bunten Bilder im Fernsehen und hörte die Melodie von *Lionel Richie*s Song „All night long", und seine Augen glänzten.

Für ihn standen zu diesem Zeitpunkt zwei Dinge fest: Er würde eines Tages bei den Olympischen Spielen dabei sein und einmal ein *Lionel-Richie*-Konzert besuchen. Letzteres gelang ihm schon zwei Jahre später, wo er sich eine Konzertkarte kaufte und eines der schönsten Konzerte seines Lebens erleben durfte. Heute sind sie übrigens wirklich enge Freunde.

Doch ersteres, Olympia, gelang ihm auch! 1988 nahm er an den Olympischen Spielen in Seoul, also Südkorea teil und gewann mit einer Mannschaftsstaffel die Bronzemedaille. *Edgar* hatte zwei Visionen und beide wurden wahr.

Wie entsteht Leistungswillen ...

Edgar Itt
Metalcoach der Leichtathleten der Olympischen Spiele 2012 in London
Deutscher Meister 400 Meter Hürdenlauf und Olympische-Spiele Bronzegewinner

Mehr zu *Edgar Itt* unter: www.edgar-itt.de

Edgar Itt fasziniert. Seine sportliche Karriere gipfelte bei den Olympischen Spielen 1988 in Seoul. Dort war er Finalist des legendärsten 400-m-Hürden-Endlaufs der olympischen Geschichte und Bronze-Medaillengewinner mit der deutschen 4-x-400-Meter–Staffel. Eine einzigartige Berufung beginnt. *Edgar Itt* motiviert.

Mit leidenschaftlicher Konsequenz fordert er zum selbstbestimmten Leben heraus. Als Inspirationstrainer und Führungskräftecoach mobilisiert *Edgar Itt* mit der tiefen Kenntnis des Spitzensportlers jeden einzelnen Zuhörer und Seminarteilnehmer zum konsequenten Abrufen des eigenen Potentials. *„Über Hürden zum Erfolg"* ist das Credo einer einzigartigen Lebensgeschichte.

MARIO SCHMIDT: Welche Methodik steckt denn dahinter, dass gerade Leistungssportler wie *Edgar Itt* ihre Visionen erfüllen können, *Karsten*?

KARSTEN BROCKE: Im Prinzip ist es relativ einfach. Wir haben 5 Faktoren, die Visionen ins Leben rufen und Realität werden lassen.

- *Vision*
- *Wunsch*
- *Ziel*
- *Mittel*
- *Weg*

Als erstes brauche ich also erst einmal eine Vision. Eine Vision, *Mario*, ist nichts weiter als ein Bild, ein Gefühl, also etwas, was mich unglaublich anmacht, ok?

MARIO SCHMIDT: Ok.

KARSTEN BROCKE: Aus einer Vision wird sehr oft ein Wunsch. Ich weiß nicht, waren Sie schon mal in so einem Shop, wo die Leute Lotto spielen?

MARIO SCHMIDT: Na, auf jeden Fall, na klar!

KARSTEN BROCKE: Warum spielen die Lotto?

MARIO SCHMIDT: Die wollen gewinnen!

KARSTEN BROCKE: Genau, die haben nämlich den Wunsch, wirklich viel Geld zu besitzen, also sie gucken abends *Die Geissens*, also Robert und sehen: Wenn man nicht besonders intelligent rüber kommt, kann man trotzdem reich werden.

So, also überlegen sie sich: "Ich *spiele mal Lotto, dann habe ich vielleicht auch Geld"*. Das Dumme an dieser Geschichte ist: sie sind nie bei der Ziehung mit dabei, ok? Sie haben ja keinen Einfluss.

Also ein Wunsch ist wirklich nicht etwas, was realitätsnah ist.

Wenn aber aus dem Wunsch ein Ziel wird, dann geht es vorwärts. Ein Ziel ist etwas, was recht einfach beschrieben werden kann. Ich habe einen Zeitpunkt und ich nehme eine Investition in die Hand. Es kann Wissen sein, es kann Geld sein, es können Bücher sein - was auch immer zu investieren ist.

Das heißt, ich mache aus meinem Wunsch ein Ziel, dann gehe ich diesen Weg, den ich dann gehen möchte, weil ich ja die Mittel in die Hand genommen habe. Dann wird mit einmal die Vision Realität.

Nach der Vision erwächst in mir ein ganz tiefer Wunsch, daraus wird in mir ein Ziel, ich nehme die Mittel in die Hand und gehe den Weg, dann wird die Vision wahr.

MARIO SCHMIDT: Geht diese Visionsschaffung und Erfüllung auch mit anderen Menschen?

KARSTEN BROCKE: Ja, dazu gibt es ein praktisches und lustiges Beispiel, *Mario.*
Stell' dir vor, du bist verliebt. Deine Freundin hat eine Vision –
Vuitton. Dann wird daraus bei ihr ein ganz tiefer Wunsch: *Louis Vuitton!!!* Schon ist es zu deinem Ziel geworden, du nimmst die Mittel in die Hand und gehst ins Geschäft und kaufst - *Louis Vuitton...*
Was ist passiert? Die Vision *deiner Freundin* ist wahr geworden. Ja, das geht auch mit anderen.

MARIO SCHMIDT: Also kann das jeder Mensch?

KARSTEN BROCKE: Ja, das ist bei allen Menschen so. Jeder kann sein persönliches Olympia auch in sich entdecken.

Es gibt immer mal wieder Tage, da wachen Sie auf, Mario, mit einem Blick aus dem Fenster und es ist nass, es ist neblig, Sie schauen in den Spiegel, daher kommt wohl dann der Begriff 'Morgengrauen'... Der Kaffee will nicht schmecken, das Toilettenpapier ist gerade alle - jetzt, wo Sie es brauchen; also es wird nicht besser, einfach nicht besser. Dann gehen Sie endlich raus, das Auto ist dann auch noch zugefroren, es ist Stau, also der Tag will nicht gelingen.

Genau dann ist es sinnvoll, eine Vision zu haben.
Man lässt sich dann einfach von solchen Tagen nicht wirklich runter kriegen.

Ein Manager, den ich vor einigen Jahren kennengelernt hab' bei der *Telekom* in Bonn, hat mir übrigens dazu eine wunderbare Geschichte erzählt. Wenn er solche Tage hat, dann steigt er ins Auto und aktiviert sein Navigationssystem in Bonn, in Bonn, *Mario*!

MARIO SCHMIDT: Aha, also weil er so auf Technik steht, oder?

KARSTEN BROCKE: In Bonn, kann man sich da verfahren?

MARIO SCHMIDT: Eigentlich nicht!

KARSTEN BROCKE: Genau! Der macht sein Navigations-system wirklich in Bonn nur aus einem einzigen Grund an.

MARIO SCHMIDT: Der wäre?

KARSTEN BROCKE: Dass, wenn er ankommt, hört er folgende Aussage: *„Sie haben Ihr Ziel erreicht!"* Weil er weiß, dass er das den ganzen Tag nicht mehr hört.

Dann ist er gut drauf, in Balance und alles ist in Ordnung.
Sie sehen *Mario*, man kann sich auch selbst motivieren und in Balance bringen.

Kreativität ist eben besser als Passivität.

Wenn ein Mensch sein inneres Navigationssystem richtig einstellt und seine Ziele kennt, dann wird er sie auch erreichen *Mario*.

MARIO SCHMIDT: *Karsten*, Sie hatten als Junge auch schon eine Vision und nun, nach 30 Jahren, ist sie wahr geworden. Sie wollten immer selber fliegen. Sie sind ja nun Hobbypilot, richtig?

KARSTEN BROCKE: Ja – die Vision wurde zu einem tiefen Wunsch bei mir und ich habe wirklich meine ganze Kindheit abends im Bett gelegen und bin in Gedanken geflogen und dann habe ich irgendwann, also vor einigen Jahren, die Mittel in die Hand genommen und angefangen zu lernen und bin auch den Weg gegangen und Tatsache, mittlerweile darf ich in Straußberg ab und zu mit einer *Cessna* fliegen.

MARIO SCHMIDT: Und dabei trotzdem bodenständig geblieben. Was kann man daraus nun lernen, um erfolgreicher zu werden?

KARSTEN BROCKE: Das ist eine gute Frage. Starten kann man nur mit Gegenwind. Ich weiß nicht, ob Sie das wissen? Gegenwind ist also gar nichts Negatives, sondern etwas Gutes für den Start. Man gewinnt nämlich schneller an Höhe.

Die Menschen, die denken, dass sie mit dem Wind starten können, werden Schwierigkeiten bekommen, sie werden kaum an Höhe gewinnen – und eventuell gehen sie sogar krachen.

Also, mit dem „Strom" zu schwimmen, ist meist nicht von großem Erfolg gekrönt. Deshalb ist eine eigene Vision eben von so immenser Bedeutung. *Mario* - hatten auch Sie eine Vision?

MARIO SCHMIDT: Auf jeden Fall, nicht nur eine. Die größte war, Moderator zu werden und interessante Menschen interviewen zu können und das habe ich geschafft.

KARSTEN BROCKE: Sehen Sie – es klappt!

Neuromarketing für die Praxis

MARIO SCHMIDT: *Karsten Brocke* - Sie sind ja nun in den letzten Jahren zu d e m Speaker zum Thema Neuromarketing mit Praxisbezug in Deutschland und Österreich geworden. Wie kam es denn dazu?

KARSTEN BROCKE: Ja - dahinter stand für mich die Frage – was kaufen Menschen nun wirklich, *Mario*? Sie lernen eben keine Kunden, Vorstände oder Verkäufer kennen, *Mario*, sondern immer Menschen. Und wie Menschen in ihren Denkmustern agieren, ist in den letzten Jahren stark untersucht worden.

MARIO SCHMIDT: Ok, und was untersucht denn die moderne Wissenschaft mit dem Neuromarketing nun genau?

KARSTEN BROCKE: Lassen Sie uns erst einmal definieren, was Neuromarketing ist. Ganz pragmatisch formuliert, beschäftigt sich Neuromarketing damit, wie Kauf- und Wahlentscheidungen im menschlichen Gehirn ablaufen.

Die funktionelle Magnetresonanztomographie (fMRT) ist das klassische Verfahren des Neuromarketings. Während die einfache MRT-Technik feste Strukturen sichtbar machen kann, z.B. krankhafte Veränderungen an der Wirbelsäule, macht das fMRT zeitlich aktuelle Stoffwechselvorgänge direkt sichtbar.

Also kurz vor einer Aktivität wird dem Blut Sauerstoff entzogen. Danach wird sauerstoffreiches Blut herangeführt und diese Veränderungen zwischen sauerstoffarmem und sauerstoffreichem Blut können gemessen werden.

Von einer Veränderung der Sauerstoffkonzentration im Blut kann man zwar nicht darauf schließen, was ein Mensch gerade denkt, das wäre echt komisch. Was man aber genau erkennen kann, ist, welche Gehirnbereiche aktiv sind. Wenn also im Hirnscanner beispielsweise ein Bereich im limbischen System aufleuchtet, dann kann man daraus schließen, dass etwas sehr emotional Besetztes in unserem Gehirn passiert oder Emotionen in uns ausgelöst oder sogar abgerufen werden.

MARIO SCHMIDT: Hm, bis dahin verstanden. Und was bedeutet das nun für Ihren FAIRkaufsBROCKEn® - Ansatz?

KARSTEN BROCKE: Die neurowissenschaftliche Emotionsforschung beweist die Vormacht der Emotionen und die Struktur der Emotionssysteme bei all unseren Entscheidungen. Der Mythos des absichtlich klaren und sachorientierten Kunden ist einfach falsch und überholt. Die derzeitigen Erkenntnisse beweisen, dass es keine, aber wirklich keine Entscheidung gibt, die nicht emotional besetzt ist. Der FAIRkaufsBROCKEn® nutzt daher die Neurolinguistik!

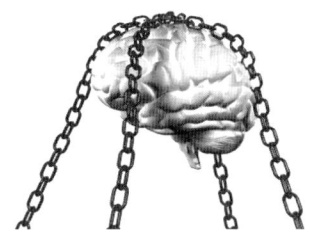

*Albert Einstein*s aufgestellte Regel "Mache alles so einfach wie möglich – aber nicht noch einfacher", ist die Grundlage des FAIRkaufsBROCKEn®-Ansatzes.

MARIO SCHMIDT: Einfach, weshalb einfach? Ist das nicht manchmal banal und eher gerade nicht zielführend?

KARSTEN BROCKE: Ja, das könnte so wirken.

In der Ökonomie unserer Handlungen/Gedanken, ist die Anstrengung ein echter Kostenfaktor. *Daniel Kahneman*, immerhin Nobelpreisträger für Wirtschaft, hat bewiesen: das Streben nach einem ausgewogenen Kosten-Nutzen-Verhältnis ist uns immanent.

Wenn das jetzt auch komisch klingt, aber Faulheit ist tief in unserer Natur verankert. Unser Gehirn zieht nachgewiesenermaßen, wenn zwei Wege zum Ziel möglich sind, eher den einfacheren Weg vor.

Sie haben bestimmt schon von der "*Bier-Diät*" gehört, der "*Abnehmen-im-Schlaf-Diät*", der "*Schokoladen-Diät*" oder "*Endlich-Schlank-mit-Artischocken-Diät*". Da geben ganz viele Menschen ganz viel Geld dafür aus.

Immer wenn Menschen also versuchen, sich diesen Unsinn anzutun, dann merken Sie schon, diese Menschen wollen ihren fülligen Zustand ohne Aufwand verändern. Also eher den einfacheren Weg gehen. Man könnte es ja auch machen wie Sie. So wie Sie aussehen, machen Sie scheinbar viel Sport?

MARIO SCHMIDT: So ist es!

KARSTEN BROCKE: Das ist mit Aufwand verbunden, korrekt?

MARIO SCHMIDT: Korrekt!

KARSTEN BROCKE: Es gibt keinen anderen Weg, einverstanden?

MARIO SCHMIDT: Genau, damit bin ich rundum einverstanden!

KARSTEN BROCKE: Also. Dahinter steckt das limbische System, insbesondere der *Nucleus Accumbens*, das ist spannend und hoch interessant. Das ist der Teil in unserem limbischen System, der auch als „Haben wollen"-Teil beschrieben wird. Der ist übrigens zurzeit ganz viel im Fokus der Wissenschaft, weil er sehr groß ist und man ihn sehr gut untersuchen kann.

Wenn dort also in dem *Nucleus Accumbens* eine Erwartungshaltung entsteht, also ein Gefühl, dann wollen wir diese Erwartungshaltung befriedigen. Wenn es dann klappt, ist es toll, dann haben wir ein gutes Gefühl; wenn nicht, sind wir frustriert.

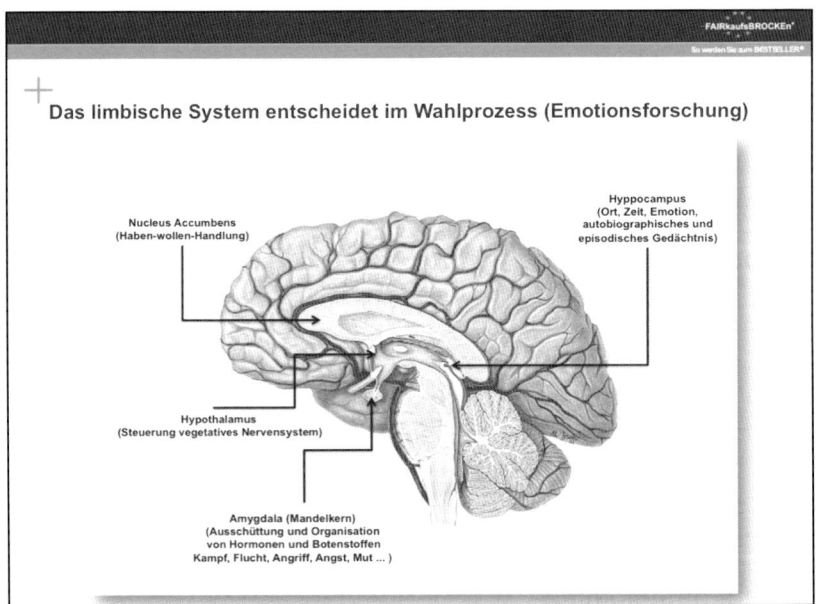

Jetzt komme ich zum Verkaufsgespräch. Wenn eine gewisse Erwartungshaltung im Verkaufsgespräch vom Verkäufer oder Käufer befriedigt wird und Leichtigkeit im Verkaufsgespräch entsteht, dann finden wir das eben toll.

Wenn aber, wie in so unsagbar vielen Gesprächen, eine hohe kognitive Beanspruchung vonnöten ist, fühlen wir uns eher nicht so wohl. Sie kennen die Berater, die versuchen, durch Fachwissen den Kunden zu beeindrucken und ihn fast „totquatschen".

Wenn dies stattfindet, dann kommen immer die Bemerkungen vom Kunden: *"Ich muss mir das überlegen"*, *"Ich muss nochmal darüber schlafen"*, *"Ich muss noch einmal nachdenken"*, *"Ich muss meinen Steuerberater fragen"* und weitere Ausreden.

Dieser Zustand, wird in der Neurowissenschaft dann als „cognitive strain" bezeichnet. Also es strengt an und wir fühlen uns unwohl.

Es gibt aber auch die Möglichkeit des „cognitive ease".

Je mehr wir es verstehen, mit „cognitive ease", also Leichtigkeit, Klarheit und Einfachheit im Verkaufsprozess zu kommunizieren, um so schneller, wird der Kunde/Mensch Entscheidungen verstehen, wollen, treffen und sich dabei auch noch wohl fühlen.

Das Spannende dabei ist: wenn einfache Worte gewählt werden, steigt der gefühlte Wahrheitsgehalt und es wird eher als wahr angenommen, was der Verkäufer sagt.

Die Aussagen des Verkäufers hören sich vertrauter an, es fühlt sich gut an, so beraten zu werden und die Mühe, die sich der Kunde machen muss, um eine Entscheidung zu treffen, sinkt rapide ab. Es entsteht Balance in ihm und ein gutes Gefühl.

Wenn der Verkäufer demnach Wortmuster benutzt, die der Kunde kennt und in seiner Bibliothek schon abgespeichert hat, zum Beispiel ein Bild oder eine kleine Anekdote, dann kauft der Kunde, der Mensch, viel eher, weil das, was er hört, sehr vertraut klingt.

Wie gesagt *Mario*, wir haben eben mit Menschen zu tun und nicht mit Kunden.

MARIO SCHMIDT: *Karsten Brocke*, das klingt schon sehr, sehr spannend.

KARSTEN BROCKE: Ja *Mario*, und es wird noch besser.

Nach einer Studie von dem Professor für Psychologie *Danny Oppenheimer* an der Universität Princeton in den USA ist es sogar so, dass Menschen, die viele Fremdwörter benutzen, um so zu zeigen, wie toll sie sind, eher abgelehnt werden und sie im Endeffekt sogar eher als weniger intelligent und kompetent eingestuft werden.

Und noch schlimmer, die Glaubwürdigkeit sinkt, je mehr man versucht, Fachjargons zu benutzen und unnötig lange Wörter, die meist eher unverständlich sind, aneinander zu reihen.

Das machen aber viele Verkäufer in der Praxis genau so.

Sie sind selber sehr unsicher, haben nicht wirklich einprägsame Wörter und versuchen, mit Fachkompetenz zu überzeugen oder zu überreden und jetzt merken Sie, *Mario*, das ist nicht gut.

Also nicht nur einfach reden, sondern auch einprägsam.

MARIO SCHMIDT: Und die Methode mit dem FAIRkaufsBROCKEn® und der FAIRkaufstechnologie führt demnach genau dazu, dass Menschen/Kunden und die Verkäufer sich das Käuferleben erleichtern?

KARSTEN BROCKE: Genau! Wissenschaft, Erkenntnisse des Neuromarketing und Innovationen für die gelebte Praxis im Verkaufsgespräch, damit dem Verkäufer „ein Licht" aufgeht. Unser Gehirn „lernt" nicht, sondern es werden ständig neuronale Netze angepasst und darauf habe ich eben indirekt Einfluss.

50

Raum für Ihre Bemerkungen, Ausarbeitungen und Notizen

Weniger Fachwörter, sondern den Menschen so einfach wie möglich und so kurz wie möglich die Dinge erklären!

Neuromarketing und analytische Kaufpsychologie

MARIO SCHMIDT: *Karsten Brocke*, Sie haben ja letztes Jahr auf dem Marketing Kongress des Bundesverbandes der mittelständischen Wirtschaft mit Prof. Dr. *Bernd Weber* vom *Center for Economics and Neuroscience* der Universität Bonn und an der Universität in Salzburg mit Dr. *Ralf Stürmer*, Geschäftsführer *psyrecon research&consulting, Institut für angewandte Psychophysiologie,* gemeinsam darüber referiert, weshalb Menschen kaufen und wie man Menschen aktiviert, Entscheidungen zu treffen.

Karsten, was kaufen denn nun Menschen wirklich?

KARSTEN BROCKE: *Mario*, eigentlich kaufen Menschen nichts, sondern eigentlich kauft das limbische System. Wir haben nicht ein Gehirn, sondern drei. Wir haben ein Stammhirn, ein Zwischenhirn, das auch limbisches System genannt wird, und das Großhirn mit seinen beiden Gehirnhälften, also der linken und rechten Gehirnhälfte. Bildhaft gesprochen ist es wie ein PC.

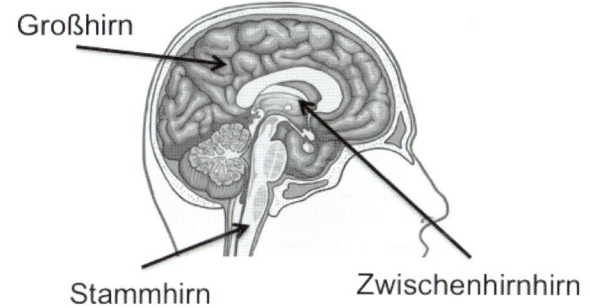

Großhirn

Stammhirn   Zwischenhirnhirn

Sie haben „Hardware", „Software" und ein „Betriebssystem". Das Besondere im Gegensatz zu einem PC ist, dass alles gleichzeitig miteinander funktioniert. Also wie so ein Triumvirat.

Stellen Sie sich vor, Sie haben eine Perlenkette, da würde ja so eine Perle nach der anderen gezählt, also abgearbeitet werden können, ok! Im Gehirn ist das anders. Im Prinzip packen Sie alle Perlen in eine Schale und sobald Sie die Schale bewegen, nehmen diese Perlen eine bestimmte Ordnung ein. Und jedes Mal, wenn Sie wieder diese Schale bewegen, kriegen Sie ein neues Ordnungssystem. Ob es jetzt von außen einen Einfluss gibt oder von innen, ist völlig egal.

MARIO SCHMIDT: *Karsten*, wie meinen Sie das genau?

KARSTEN BROCKE: Naja, wir haben ein Gehirn, also diese Hardware und die Software, das sind die Gedanken, die sich entwickeln und ein Betriebssystem, das ist Ihr Temperament und das sind Ihre Grundmuster, die schon viele Aspekte Ihres Lebens in sich tragen. Sie überlegen ja nicht, *Mario*, ob Sie morgens atmen, oder?

MARIO SCHMIDT: Nein, das mache ich nicht. Aber was meinen Sie mit der Software?

KARSTEN BROCKE: Unser Gehirn nimmt 70.000 Einzelinformationen pro Sekunde wahr, davon werden uns ca. 70 Informationen maximal bewusst. Unser Bewusstsein ist sehr langsam, *Mario*. Es braucht zwischen 500 und 700 Millisekunden, bis es agiert, da ist folglich der Kaufprozess schon lange durch.

MARIO SCHMIDT: Wie jetzt durch?

KARSTEN BROCKE: Ja, das Unterbewusstsein und die emotionalen Kaufentscheidungen sind nach gut 180 Millisekunden - das kann man heute ganz genau messen - schon entschieden.

Machen wir es mal praktisch. Sie sehen eine wunderbare, sehr attraktive Frau in der Bar.

MARIO SCHMIDT: Ja.

KARSTEN BROCKE: Sie verlieben sich ja nicht bewusst. Sie sagen ja nicht bewusst: *"Moment ich guck mich jetzt mal um, warte... warte... warte - verliebt".*

MARIO SCHMIDT: Also mit Vorsatz verliebt sein, nein.

KARSTEN BROCKE: Nein! Ihr Unterbewusstsein hat diese Frau gesehen. Sie fanden sie möglicherweise attraktiv und haben gesagt: „Ja!" Das, ja so ist das. Es entsteht ein Gefühl, einverstanden?

MARIO SCHMIDT: Klar, einverstanden.

KARSTEN BROCKE: Und dieser erste Eindruck, den Sie gewinnen, ist schon emotional ganz stark besetzt. Erst später übrigens, *Mario*, werden Sie denken: *"Oh, wie spreche ich die Frau denn nun an"*? Nun, jetzt beginnt der bewusste Teil in Ihrem Gehirn zu arbeiten und Sie suchen nach Formulierungen, wie Sie das nun professionell anstellen können, um keinen Korb zu bekommen. So verhält sich JEDER Kaufprozess im Gehirn. Ich zeige das mal an einem Beispiel auf, ok?

MARIO SCHMIDT: Ok!

KARSTEN BROCKE: *Mario*, Sie sind jetzt eine Frau.

MARIO SCHMIDT: Ich stell mich mal kurz darauf ein.

KARSTEN BROCKE: Das ist sehr nett. Ich spreche Sie mal in der Bar an, ok?

MARIO SCHMIDT: Machen Sie!

KARSTEN BROCKE: Gut. "*Sagen Sie, Mario, kennen wir uns nicht von früher*"?

MARIO SCHMIDT: "*Nee, nicht das ich wüsste*".

KARSTEN BROCKE: Wie empfanden Sie jetzt diese Ansprache?

MARIO SCHMIDT: Also flache Anmache und nicht wirklich innovativ.

KARSTEN BROCKE: Genau! Also besonders kreativ war es nicht! Die Wahrscheinlichkeit, dass ich einen Korb bekomme, ist relativ hoch, einverstanden?

MARIO SCHMIDT: Riesengroß sogar!

KARSTEN BROCKE: Genau! Das heißt, mein Bewusstsein, mein bewusst denkender Teil in meinem Gehirn, kann dafür sorgen, dass ich viel innovativer sein kann und mir andere Texte überlege. Das werden Sie nachher sehen, bei der Aktivierung von Menschen mit den innovativen Fragen zur Aktivierung von Menschen.

Auch die Frau an der Bar müsste ich demnach *aktivieren*!

Dann versuchen wir das nochmals *Mario*: Also kann ich ja sagen: "*Sagen Sie Mario, darf ich Sie kurz etwas fragen?*"

MARIO SCHMIDT: *"Ja, das können Sie tun"*!

KARSTEN BROCKE: *"Können Sie mir kurz sagen, wie spät es ist?"*

MARIO SCHMIDT: *" Es ist jetzt 19.30 Uhr."*

KARSTEN BROCKE: *"Wunderbar. Ich habe Sie nur deshalb nach der Uhrzeit gefragt, damit wir uns den Zeitpunkt merken können, an dem wir uns kennengelernt haben."*

MARIO SCHMIDT: Ah, das klingt ja sehr spannend und interessant und ich musste lächeln! Also, das bedeutet, dass Sie die gehirngerechte Kommunikation nutzen, um beim Menschen selbst etwas auszulösen? Den anderen Menschen zu *aktivieren*?

KARSTEN BROCKE: Genau. Das Ziel des limbischen Systems in unserem Gehirn ist, dass wir eine innere Balance in uns selbst herstellen wollen. Demnach wird auch in der Kommunikation das menschliche Verhalten grundsätzlich bestimmt durch das Anstreben von Belohnung, denn dies führt nun mal zu Balance. Also in diesem Fall, keine Ablehnung zu bekommen. Das gute Gefühl: "*Ich habe selbst entschieden*", das gute Gefühl: "*Ich bin der Herr meiner Gedanken*", führt also zu Balance.

Die Vermeidung von Bestrafung, also einer Abfuhr, zum Beispiel an der Bar oder in einem Gespräch. Das Gefühl, „*Der will mir etwas einreden"*, will ich vermeiden. Ich will vermeiden, ein inneres Gefühl von Unwohlsein und Bestrafung zu spüren.

Nehmen wir mal an, im Verkaufsgespräch kriegen Sie so ein Gefühl als Kunde: *"Ja - der will mir was verkaufen, der will mir was aufschwatzen."* Wie ist Ihr Gefühl dabei?

MARIO SCHMIDT: Es ist kein gutes Gefühl!

KARSTEN BROCKE: Genau! Und diese Art der Kommunikation, lehnen Sie ab. Das heißt, Ihre Emotionen sind negativ besetzt, weil Emotionen kommen eben immer v o r Kognition.

In dem Sammelband *Neuromarketing* von *Hans Georg Häusel* beschreibt *Arndt Traindl* in seinem Aufsatz *Neuromarketing am POS* unter Bezugnahme auf den bekannten Neurowissenschaftler *António Damásio* den Zusammenhang wie folgt: *„Die Selektion von eingehenden Reizen wird von dem emotionalen Bewertungssystem mit Sitz im limbischen System durchgeführt."* So nimmt der Mensch vornehmlich nur das wahr, was emotional für ihn am meisten Sinn macht, also im Sinne von Lust-/Schmerzprinzip, Belohnung/Bestrafung, Treffer/Fehler, sympathisch/nicht sympathisch.

Bevor der Mensch also eine Handlung bewusst in Gang setzt, baut er vorbewusst das notwendige Bereitschaftspotenzial in der Hirnrinde auf, das auch maßgeblich das Resultat seiner Aktion beeinflusst. Urgrund übrigens dieser Aktionen sind immer Emotionen, die durch äußere oder innere Reize ausgelöst werden und oft auch nur kurz andauern, *Mario*.

Emotionen sind evolutionär gewachsene Anpassungsleistungen, also vorbewusste Reaktionsbündel, die angeborene Auslösemechanismen in Gang setzen. Die dienen übrigens dazu, das Überleben zu sichern bzw. zu regulieren. Also, alle bewusst erlebten Kognitionen werden vorbewusst emotional eingefärbt und dadurch bewertet.

MARIO SCHMIDT: Ja, das ist zu verstehen.

KARSTEN BROCKE: *Mario*, wenn also 180 Millisekunden ausreichen und wir haben vorbewusstlich schon etwas entschieden, nämlich welches G e f ü h l die Grundlage unserer bewussten Entscheidung ist, deshalb macht es Sinn, sich mit Neuromarketing zu beschäftigen und deshalb tue ich es auch so intensiv.

Wir müssen uns eben auch Gedanken über innovative Ansprachen in der Bar machen, um nicht einen Korb zu bekommen.

Im Verkaufsgespräch, um nicht einen Einwand zu hören oder im Kaufprozess, um Rabatte rauszuschlagen, das versucht ja mehr oder weniger immer wieder jeder.

Denn das Gefühl einer Ablehnung, oder dass wir etwas nicht bekommen können, wollen wir tunlichst vermeiden.

Raum für Ihre Bemerkungen, Ausarbeitungen und Notizen

Die magische 7

MARIO SCHMIDT: Lieber *Karsten*. Nun haben Sie ja schon über die 180 Millisekunden gesprochen die unser Gehirn benötigt, um die ersten emotionalen Entscheidungsprozesse emotional aufzuladen. Sie sprechen aber in Ihren Vorträgen von weiteren Sekunden und Minuten. Was hat es damit auf sich?

Karsten Brocke: Das ist richtig. Unser Gehirn benötigt ca. 180 Millisekunden, um eine vorbewusstliche emotionale Reaktion in uns auszulösen. Das bedeutet, dass defacto keine Entscheidung - die wir treffen - ohne Emotionen ist.

Es wird aber noch spannender. Unser Gehirn braucht dann etwa zwischen 0,5 – 0,7 Sekunden, bis uns eine Entscheidung oder Situation bewusst wird. Das bedeutet, dass alle Entscheidungen und Situationen, die wir treffen oder erleben, schon emotional determiniert sind. Um ein Beispiel zu nennen: Wenn Sie mit Ihrem Auto über eine Erhöhung auf der Autobahn bei hoher Geschwindigkeit fahren, Sie über den Berg kommen und Sie identifizieren vor sich in geringer Entfernung einen Stau, dann überlegen Sie nicht „was ist zu tun?", sondern Sie werden auf die Bremse mit voller Kraft treten und das, ohne bewusst zu denken. Ihr emotionales Gefühl – große Gefahr – wird sofort abgerufen. Sie bremsen! Kurz danach wird Ihnen bewusst, was passiert und Sie schauen in den Rückspiegel in der Hoffnung, dass kein Auto zu nah hinter Ihnen gefahren ist. Nun kommt auch das Gefühl „an" und Sie beginnen, Schweiß an den Händen zu bemerken, das Herz rast und Sie denken "Oh Mann! Glück gehabt, dass ich es noch schaffte, zu bremsen..." Also, das Vorbewusste und die knappe ¾ Sekunde bis zur Bremseinleitung sind keine bewussten Prozesse gewesen.

Nach diesen ca. 0,5 – 0,7 Sekunden wird Ihnen Ihre Umgebung und Ihr Zustand bewusst und Sie können anfangen, ihn zu beeinflussen. Das tun Sie im Übrigen auch. Ihr kognitiver Teil, vor allem in der linken Gehirnhälfte, ist nun aktiv und kann bewusst und bemerkt eine Aktion oder Reaktion steuern.

Auch hier habe ich ein schönes Beispiel aus der gelebten Praxis. Mir ist oft aufgefallen, dass wenn Menschen nach einem Witz oder einer komischen Situation anfangen zu lachen (aus meiner Sicht einer der wirklichen Zeitpunkte der Authentizität). Genau diese Menschen schauen sich dann schnell um und prüfen, ob auch andere Menschen laut lachen und das genauso witzig empfunden haben. Manche nehmen dann die Hand vor den Mund (vor allem Frauen), weil sie sich leicht schämen, so laut gelacht zu haben. Kognitiv bedeutet dies, dass Sie sich leicht schämen für Ihre Reaktion.

Genau aus diesem Grund sage ich allen Verkäufern: Lächeln Sie bitte, B E V O R Sie jemanden ansprechen, bevor Sie anrufen oder bevor Ihnen jemand die Tür aufmacht. Denn die ersten 0,7 Sekunden - der erste Eindruck – bleibt. Und zwar emotional besetzt!

MARIO SCHMIDT: Ok, einleuchtend. Was hat es dann mit Ihrer zweiten 7 auf sich?

KARSTEN BROCKE: Ja, es bleibt weiter spannend. Die zweite 7 steht für die so wichtigen 7 Sekunden. Unser Ultrakurzzeitgedächtnis kann sich defacto nur 7 Sekunden etwas merken. Nochmal: unser Ultrakurzzeitgedächtnis kann sich defacto nur 7 Sekunden etwas merken. Das ist entscheidend im Kaufprozess und es ist verdammt wichtig für die Verkäufer, das zu wissen.

MARIO SCHMIDT: Wieso ist das so entscheidend, *Karsten Brocke*? Was nutzt mir dieses Wissen?

KARSTEN BROCKE: *Mario*, wenn ich als Verkäufer weiß, dass ein Mensch sich nur 7 Sekunden etwas im Ultrakurzzeitgedächtnis merken kann, dann weiß ich, dass keine meiner Fragen länger als 7 Sekunden dauern darf, denn dann kann der Kunde antworten (die Frage ist ja noch präsent). Wenn ich aber als Verkäufer länger rede (einrede) und dabei viel Zeit „ins Land geht", hat möglicherweise der Kunde die Frage schon vergessen.

In meinen Vorträgen nehme ich gern dazu ein Beispiel und formuliere eine Frage und rede einfach weiter. Nach 10 – 12 Sekunden frage ich dann einen Teilnehmer im Saal, ober er mir den vorletzten Satz sagen kann, den ich ja gerade gesagt hatte. Immer *Mario,* ja immer ist die Antwort *„Nein – ich weiß nicht mehr was Sie gesagt haben".*
Unser Gehirn hat einen klugen Mechanismus entwickelt. Würden wir gewissermaßen alles wahrnehmen, was in unserem Umfeld passiert, es dann noch analysieren müssen und dann auch noch merken – wir würden wohl wahnsinnig werden.

Liebe Leserin, lieber Leser, eine Frage an Sie: wenn Sie mit ihrem Auto zur Arbeit fahren, wissen Sie dann, wie viele Bäume Sie gesehen haben oder wie viele Menschen an den Ampeln standen? Nein, natürlich nicht!

Das Gehirn blendet „unwichtige" Fakten und Faktoren aus. So können wir uns auf das Wesentliche konzentrieren. Gut so!

Ich als Verkäufer muss mir klar werden, dass ich I M M E R nach einer Frage den Mund halte – immer.

Ich habe dazu ein tolles Zitat vor Jahren gehört: *„Wer eine Frage stellt, gibt das Versprechen ab, zu schweigen"*. Wenn also ein Verkäufer - wie so oft erlebt – den Kunden „zugequatscht" hat und der Kunde das Gefühl bekommt, etwas „aufgequatscht" zu bekommen, dann hören Sie Widerstände, Einwände und Vorwände. Die Ursache dieser missglückten Verkaufsgespräche liegt demnach beim Verkäufer und nicht beim Kunden. Meine Bitte an Sie ist es nun: achten Sie darauf, Fragen zu stellen und dann S O F O R T den Mund zu verschließen.

MARIO SCHMIDT: Ok, verstanden und macht auch echt Sinn. Nun fehlt uns ja noch eine 7?

KARSTEN BROCKE: Ja, eine 7 fehlt. Die nächste 7 hat auch mit unserm Gehirn zu tun. Unser Kurzzeitgedächtnis kann sich ca. 7 Minuten etwas merken. Diese 7 Minuten sind entscheidend im Kaufprozess des Kunden. Wenn ich als Verkäufer nicht regelmäßig überprüfe, ob der Kunden „noch bei mir" ist, besteht die Gefahr, ihn zu verlieren. Sicher haben Sie auch schon Verkaufsgespräche erlebt, wo der Verkäufer mit „Engelszungen" auf den Kunden einredet, ohne „Luft zu holen".

Dieser Berater wird mit Sicherheit den Kunden im Kaufprozess verlieren. Denn der Kunde/Mensch steigt spätestens nach 7 Minuten aus. Also stellen Sie spätestens nach 7 Minuten eine Frage.

Alles klar?
Gut so?
Verständlich bisher?
Ok?
Können wir weitermachen?
etc.

Wenn Sie immer wieder und regelmäßig diesen „Break" machen und dabei darauf achten, dass nie mehr als 7 Minuten dazwischen vergehen, dann werden Sie feststellen, dass Ihre Erfolge drastisch steigen.

Wieso? Weil Sie endlich die „alte" Verkaufsrhetorik „Wer fragt, der führt – Technik" verlassen und mit den richtigen Fragen (in der Sie-Kommunikation) den Kunden ständig
A K T I V I E R E N.

Er wird schnell bemerken: „Es geht um mich" und nicht „DER will mir etwas verkaufen". Nun wird der Kunde viel eher seine ehrliche Bereitschaft entwickeln, bei Ihnen zu kaufen.

Versprochen!

Die Zeit bestimmt: Die „magische" 7

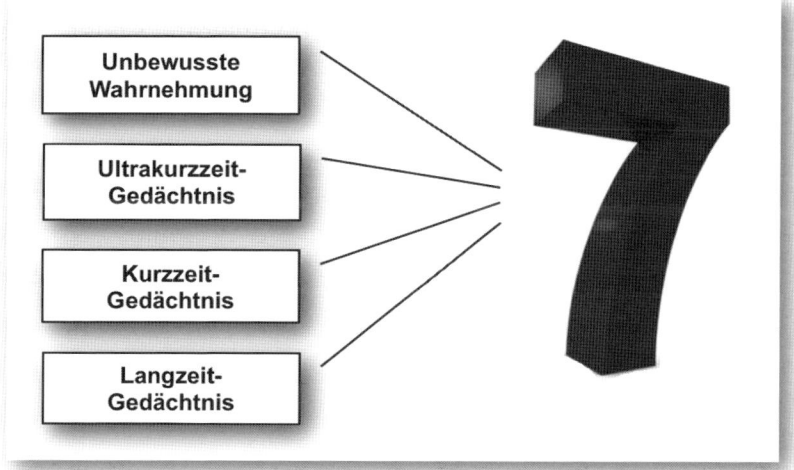

Raum für Ihre Bemerkungen, Ausarbeitungen und Notizen

Theorie ohne Praxisbezug ist Unsinn
Die „Sie-Kommunikation" zur Aktivierung

MARIO SCHMIDT: *Karsten*, aber wie übertragen Sie denn diese vielen Erkenntnisse nun in die verkäuferische Praxis?

KARSTEN BROCKE: Das ist eine gute Frage. In dem Buch „Think Limbic" von *Hans-Georg-Häusel* wird klar beschrieben, dass wir de facto drei Zustände in uns tragen, die evolutionsgeschichtlich uns das Überleben sichern. In unserem Gehirn, besser im limbischen System, passiert Folgendes:

Das limbische System, unser emotionales Gehirn also, strebt in drei Richtungen:

*   *Dominanz,*
*   *Stimulanz und*
*   *Balance.*

Mal eine Frage: Was denken Sie, welche Richtung ist die, die uns am meisten zum Handeln bewegt?

MARIO SCHMIDT: Ich denke da an Stimulanz, weil mein Hirn eben stimuliert worden ist zum Handeln.

KARSTEN BROCKE: Hm, nee!

MARIO SCHMIDT: Dann liege ich also daneben? Dann könnte für mich eher noch die Dominanz in Frage kommen, weil mein Hirn hier entscheidet, sich durchzusetzen.

KARSTEN BROCKE: Sehr gut, falsch!

MARIO SCHMIDT: Aber eine gute Erklärung?

KARSTEN BROCKE: Ja, absolut!

MARIO SCHMIDT: Da bleibt also nur die Balance übrig.

KARSTEN BROCKE: Genau. Die Balance ist entscheidend. Wenn Sie gut essen gehen - was entsteht bei Ihnen?

MARIO SCHMIDT: Balance!

KARSTEN BROCKE: Wenn Sie Sport treiben und sich danach besser fühlen, was entsteht?

MARIO SCHMIDT: Balance!

KARSTEN BROCKE: Wenn Sie Erfolge einfahren, was entsteht da für ein Gefühl?

MARIO SCHMIDT: Ich fühle mich gut, also Balance!

KARSTEN BROCKE: Ok, wenn Menschen RTL2, also diese Fernsehuntenhaltung schauen und dabei denken "*Oh - die sind ja noch blöder als ich*", was entsteht bei den Zusehern?

MARIO SCHMIDT: Bestimmt Balance!

KARSTEN BROCKE: Ok, und wenn im Dschungelcamp Z-Promis Kakerlaken fressen müssen und der Zuschauer denkt: "*Mann, sind die bescheuert und blöd!*" - was entsteht dann beim Zuschauer?

MARIO SCHMIDT: Bestimmt wieder Balance!

KARSTEN BROCKE: So ist es. Unfassbar!

MARIO SCHMIDT: Ok, wie übertragen Sie denn diese Erkenntnisse nun in die Praxis?

KARSTEN BROCKE: Immer noch eine gute Frage – nun aber zur Beantwortung. Ich stelle Ihnen eine Frage, ok?
Nehmen wir mal an, ich ärgere Sie, Ok?

MARIO SCHMIDT: OK! Ja!

KARSTEN BROCKE: Wenn ich Sie ärgere, wer ärgert sich dann?

MARIO SCHMIDT: Dann ärgere ich mich!

KARSTEN BROCKE: Wenn ich Sie demnach ärgere, dann ärgern Sie sich wirklich selbst. Richtig?

MARIO SCHMIDT: So ist das.

KARSTEN BROCKE: Ok! Die Frage lautet doch demnach: Kann ich Sie ärgern? Und die Antwort lautet eindeutig?

MARIO SCHMIDT: Nein!

KARSTEN BROCKE: Denn S i e haben sich ja geärgert.
Sie haben sogar zu mir gesagt: "*Ich ärgere mich*". Wir sagen: "*Ich ärgere mich*" und denken, ein anderer war es. Bemerken Sie nun Mario, ich kann Sie gar nicht ärgern, Sie ärgern sich immer selbst!

MARIO SCHMIDT: Verdammt. Stimmt! Das ist wirklich so!

KARSTEN BROCKE: Tja, so ist das. Kleines Beispiel: Sie stehen im Stau, Mario, und ärgern sich, ok?

MARIO SCHMIDT: Korrekt!

KARSTEN BROCKE: Oder Sie stehen im Stau und ärgern sich nicht, ok?

MARIO SCHMIDT: Ok!

KARSTEN BROCKE: Was hat sich denn nicht geändert?

MARIO SCHMIDT: Ich stehe immer noch im Stau!

KARSTEN BROCKE: So ist das!

KARSTEN BROCKE: Es ist also Ihre Entscheidung, ob Sie sich ärgern, wenn Sie im Stau stehen, oder sich nicht im Stau ärgern. Es ist Ihre ganz persönliche Entscheidung. Der Stau ärgert Sie bestimmt nicht, das kann ein Stau auch nicht.

MARIO SCHMIDT: Klar, so ist es.

KARSTEN BROCKE: Also, so verhält es sich auch beim Verkaufen. Ich kann Ihnen nichts verkaufen, S I E müssen kaufen w o l l e n!

Denn auch hier entscheiden ja S i e! Die Aufgabe eines professionellen Vermarkters von heute ist es, den Kunden zu A K T I V I E R E N. Also dafür zu sorgen, dass der Kunde sagt: „Ich will es haben und ich will es besitzen. Ich stimme dem zu. Ich brauche es. ...!"

Denn der Kunde hat dann das Gefühl, s e l b s t zu entscheiden, es wird ihm klar, dass es um ihn geht und er der Entscheider ist und ich denke, das ist gut, dass er das tut!
Ein guter Verkäufer weiß, dass Menschen nur Sachen erwerben, wenn Sie sie selber wollen. Kein Mensch kauft etwas, was er nicht will. Ausnahmen bestätigen natürlich dabei die Regel!

Also ist der Job eines Verkäufers, dafür zu sorgen, dass der Kunde A K T I V I E R T wird, so dass er selbst kaufen w i l l, und dann hat der Verkäufer es nicht nur einfacher und kann den gemeinsamen Erfolg für den Kunden und für sich einfahren, sondern jetzt ist es auch eigentlich erst wirklich möglich.

MARIO SCHMIDT: Und welche Methodik steckt dahinter?

KARSTEN BROCKE: Die Methodik heißt AKTIVIERUNG mit dem FAIRkaufsBROCKEn®!

Erst wenn ein Mensch selbst aktiv wird, wird er auch Entscheidungen fällen, die ihn betreffen. Ich wiederhole nochmal: Die Aktivierung sorgt dafür, dass ein Mensch, erst wenn er selbst aktiv wird, auch Entscheidungen fällt, die I H N betreffen.

Diese Technik der bewussten Beeinflussung mit dem FAIRkaufsBROCKEn® führt also dazu, dass der Kunde nicht nur gedanklich im Mittelpunkt steht, sondern auch in der beratenden Kommunikation im Verkaufsgespräch!

Das funktioniert hervorragend und in der gelebten Praxis erhöhen sich die Erfolgsquoten dramatisch, denn er befindet sich - also der Kunde, wenn er selbst entscheiden kann, in der Balance und das Gefühl gefällt durchaus dem Kunden gut und deshalb erfolgt ein aussichtsreicher Verkauf auch wesentlich schneller, besser und ehrlicher und erfolgreicher.

Ich möchte es an einem Beispiel beweisen. Ich habe eine große deutsche Bank ein ganzes Jahr in einer ganz bestimmten Region begleitet mit dem Konzept des FAIRkaufsBROCKEn®. Alle, *Mario*, aber auch wirklich alle Vorgaben wurden erfüllt und übererfüllt. Die mit Abstand beste Region war die von mir betreute. Das ist nicht angeberisch, sondern es ist nachgewiesen. Der Vorsitzende der Geschäftsführung, nunmehr ein guter Freund, hat mit Konsequenz dafür gesorgt, dass das System des FAIRkaufsBROCKEn® entschlossen mit Leben erfüllt wurde. Die Ergebnisse mit dem System des FAIRkaufsBROCKEn® und der FAIRkaufstechnologie wurden dann validiert, also nachgeprüft auf Wirksamkeit und Reproduzierbarkeit. Nochmals: Alle, aber auch wirklich alle Vorgaben wurden erfüllt und übererfüllt. Unfassbar.

Wenn Sie Ihren Verkauf also aufbauen auf Verstehen und Leichtigkeit, dann entsteht Balance beim Menschen und der Kaufprozess wird beschleunigt und damit steigt der Erfolg drastisch. Die Technologie des FAIRkaufsBROCKEn® funktioniert!

Wenn demnach durch die Validierung bewiesen wurde, das eine nachweisliche Praxiswirksamkeit, und Reproduzierbarkeit möglich ist, wäre es ja dumm, diese Methodik nicht auch in andere seriöse Unternehmen weiter zu tragen.

MARIO SCHMIDT: *Karsten Brocke*, können Sie mir das alles an einem Beispiel auch aus der Praxis mal aufzeigen? Also wie funktioniert das mit der Balanceherstellung mit dem FAIRkaufsBROCKEn®?

KARSTEN BROCKE: Sehr gerne. Sie sind einmal ein Kunde und ich zeige Ihnen die alte Verkaufsrhetorik, die jeden Tag gelebt wird und dann die des FAIRkaufsBROCKEn®, ok?

MARIO SCHMIDT: So machen wir das!

KARSTEN BROCKE: Ok, fangen wir mal mit der Ich-Kommunikation an, die meistens nicht zur Balance führt.
Ich sage zu Ihnen als Kunde: *„Darf ich Sie auf etwas hinweisen?"*

MARIO SCHMIDT: "*Ja, Worum geht es denn*?" (Was will der von mir?)

KARSTEN BROCKE: "*Darf ich Sie treffen?*"

MARIO SCHMIDT: "*Ja schon, aber den Termin – müssen wir mal schauen.*" (Was will der von mir?)

KARSTEN BROCKE: "*Ich möchte unbedingt einen Termin mit Ihnen machen*". Was denkt jetzt der Kunde?

MARIO SCHMIDT: Der setzt mich unter Druck! (Was will der von mir?)

KARSTEN BROCKE: Genau! Das Witzigste, was ich je gehört habe: "*Sie sind mir zugeschlüsselt worden*". Da hat natürlich der Kunde gesagt: "*Wer will das!*".

Sie bemerken schon, diese ICH-Kommunikation führt de facto immer dazu, dass der Mensch aus der Balance rauskommt und sich eher unwohl fühlt. Das ist eben die alte und auch verstaubte Kommunikation, die wir aber jeden Tag und fast überall hören können.

MARIO SCHMIDT: Ja das ist so – kenne ich nur zu gut.

KARSTEN BROCKE: Noch schlimmer übrigens ist die WIR-Kommunikation.

MARIO SCHMIDT: Ja, wieso?

KARSTEN BROCKE: Das erläutere ich nachher genauer.

MARIO SCHMIDT: Gut.

KARSTEN BROCKE: Also, die Ansprache nach der FAIRkaufsBROCKEn®-Technologie funktioniert in der SIE-Kommunikation.

Machen wir kurz ein Beispiel: „*Sagen Sie Mario, wollen Sie am Ende des Gesprächs wissen, wie S I E Entscheidungen besser treffen können?*"

MARIO SCHMIDT: "*Auf jeden Fall!*" (Fühlt sich gut an).

KARSTEN BROCKE: "*Ok, Mario, haben S I E denn Interesse daran, Informationen zu bekommen, die Ihnen weiter helfen*"?

MARIO SCHMIDT: "*Sehr großes Interesse!*"(Fühlt sich gut an).

KARSTEN BROCKE: "*Kennen S I E oder möchten S I E Informationen bekommen, die dazu führen, dass S I E auf der Grundlage von Wissen entscheiden können*"?

MARIO SCHMIDT: "*Ja logisch!*" (Fühlt sich gut an).

KARSTEN BROCKE: "*Gefällt es I H N E N, wenn S I E Informationen haben, dass S I E ganz in Ruhe und mit einem guten Gefühl entscheiden können*"?

MARIO SCHMIDT: "*So sieht es aus.*" (Fühlt sich gut an).

KARSTEN BROCKE: Merken Sie, die SIE-Kommunikation mit dem FAIRkaufsBROCKEn® führt dazu, dass Sie in Balance kommen. Sie fühlen sich wesentlich besser. Sie sind in der Balance.

MARIO SCHMIDT: Ja, und ich fühle mich wohl. Ich habe nicht ein einziges Mal gedacht: „*Was will der von mir?*".

KARSTEN BROCKE: So ist es. Sie werden als Verkäufer zum Wetterspezialist. Sie schaffen ein gutes Klima. Ihr Kaufprozess wird wie zu einem Treibhaus für Entscheidungen. Der Kunde wird wachsen, sich gut fühlen, gedeihen und erwachsene Entscheidungen fällen, die ihn betreffen, denn nun fühlt er sich wohl und umsorgt.

Raum für Ihre Bemerkungen, Ausarbeitungen und Notizen

MARIO SCHMIDT: *Karsten*, ich kenne kaum jemanden, der das so in der Praxis umsetzt. Also alle reden immer von sich und wie toll sie sind. Da kann ich folgendes Bespiel liefern. Erst letztens, in einem Autohaus. Ja, da sagte der Verkäufer: *„Da mache ich Ihnen ein unschlagbares Angebot"*; das habe ich dann tatsächlich mit einem anderen geschlagen. So war es. Deshalb stellt sich ja die Frage, kann man das lernen?

KARSTEN BROCKE: Die Grundlage der Aktivierung ist vor vielen Jahren in mir geweckt worden von meinem Freund und echten Partner *Knut Straeter*. Er hat mir vorgelebt, wie man Menschen aktiviert und damit neue Menschen kennenlernt, dabei ein gutes Gefühl behält, empfohlen wird und Erfolge einfährt. Er ist wohl d a s Beispiel für wertschätzende Kommunikation mit gleichzeitiger Aktivierung anderer Menschen. Durch ihn konnte ich so viel lernen und erleben, wie man mit Menschen gut und voller Achtung füreinander und gemeinsam Erfolge einfahren kann. Und ja, absolut kann man das lernen. Ich möchte ein Praxisbeispiel mal aufgreifen. Ich gehe in einen Baumarkt, ok, Baumarkt kennen Sie, *Mario*.

MARIO SCHMIDT: Kenne ich!

KARSTEN BROCKE: Wenn Sie jemanden suchen, sind die Verkäufer weg und Sie sind nur am suchen, ok, also die Berater verschwinden scheinbar immer, wenn Kunden kommen. Kennen Sie das?

MARIO SCHMIDT: Kenne ich sehr gut!

KARSTEN BROCKE: Also, wenn Kunden einen Berater finden, machen sie gern Folgendes: Sie gehen auf einen Berater zu und sagen: *„Sagen Sie mal, können Sie mir mal helfen, also ich möchte ja was kaufen."* Wie fühlt sich hier der Berater?

MARIO SCHMIDT: Der fühlt sich unter Druck gesetzt und eher schlecht.

KARSTEN BROCKE: Absolut, machen wir mal ein anderes Beispiel. Sie sind ja auch viel unterwegs. Ich gehe ins Hotel, stehe an der Rezeption und sage voller Inbrunst und sauer: *„Ja, entschuldigen Sie mal bitte, ich habe 2 Kopfkissen bestellt, was ist in Ihrem Hotel los?"* Wie, denken Sie, fühlt sich die Empfangsdame?

MARIO SCHMIDT: Ja, die fühlt sich in die Enge geschoben.

KARSTEN BROCKE: Ja, weil die ganze Mist-Rhetorik in der ICH- oder WIR-Kommunikation immer Menschen unter Druck setzt, ok?

MARIO SCHMIDT: Ja, das habe ich ja auch gefühlt.

KARSTEN BROCKE: Sie können also auch in den Baumarkt gehen, *Mario* - können Sie ja nächstes Mal probieren - und den dortigen Berater nicht klein machen oder unter Druck setzen. Sie können ja auch zum Baumarktmitarbeiter sagen: *„Sagen Sie mal, kann ich Sie kurz was fragen?"*

MARIO SCHMIDT: Er wird antworten: *"Ja, gerne"*.

KARSTEN BROCKE: *"Arbeiten Sie hier"*?

MARIO SCHMIDT: *"Auf jeden Fall, na klar"*.

KARSTEN BROCKE: *"Ok, wieso bemerke ich das nicht"*?
Glauben Sie mir, *Mario*, erst kommt ein kurzer Moment, nur ein Staunen und dann meist ein Lächeln oder Lachen. Ich sage natürlich die Frage auch mit einem Schmunzeln auf den Lippen.

Merken Sie, er wird jetzt aktiv, der wird übrigens wirklich lachen, sage ich Ihnen jetzt schon voraus, weil - ich mache das regelmäßig. Da lacht er und fragt meistens: „*Äh, was kann ich für Sie tun?*" Und dann sagst Du: "*Ja, zeigen Sie mal das, das, das*".

MARIO SCHMIDT: Ja logisch, klingt entspannter.

KARSTEN BROCKE: Oder im Hotel mache ich es auch anders als der Durchschnitt: "*Sagen Sie, darf ich Sie kurz was fragen*"?

MARIO SCHMIDT: "*Klar, Sie dürfen gern*".

KARSTEN BROCKE: "*Möchten Sie, dass ich mich in Ihrem Hotel wohl fühle*"?

MARIO SCHMIDT: "*Immer und rund um die Uhr*".

KARSTEN BROCKE: Mit einem Lächeln: "*Hm, warum verhindern Sie das bei mir?*"

MARIO SCHMIDT: Ich bin A K T I V I E R T. Ich bin sofort aktiv in dem Moment.

KARSTEN BROCKE: Klar, Sie werden sofort sagen, "*Ja was muss ich denn tun*"? usw. Das heißt, wenn Sie Menschen aktivieren in der Sie-Kommunikation und dieses ICH einfach mal vernachlässigen, dann kommen Sie viel weiter und Sie kommen weg von diesem Ärger-machen-wollen und dem Beschweren.

Ist übrigens ein schönes Bild. Wenn Sie jetzt beide Hände, liebe Leser, einmal auf Ihre Schultern packen, jetzt, ja jetzt, dann werden Sie feststellen, Menschen die sich beschweren, machen ihr Leben schwerer. Das müssen Sie nicht tun.

Ich hatte eben gesagt, wir müssen noch kurz über die WIR-Kommunikation reden, bevor ich sage, wie man das lernen kann.

MARIO SCHMIDT: Ja, können wir machen!

Das alte „Verkaufsgespräch" mit dem sogenannten Verkaufstrichter, der seit 40 Jahren so geschult wird. Das Beratungsgespräch, der Beratungsansatz war und ist zwar nicht falsch - nur Ihr Zustand - der ist es!

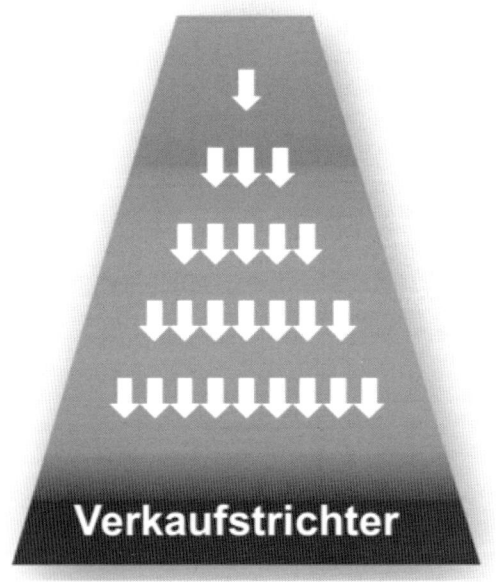

Das neue „Verkaufsgespräch" **mit der**
A K T I V I E R U N G des Menschen/Kunden mit dem
FAIRkaufsBROCKEn®.

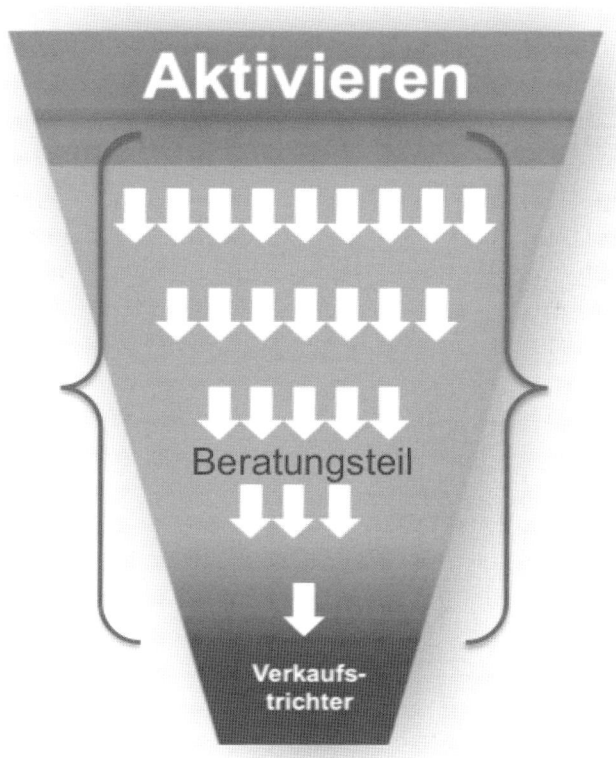

Da in diesem Gespräch am Anfang die A K T I V I E R U N G des Kunden stattfindet, wird im Abschluss nicht mehr „gekämpft". Denn der Mensch/Kunde hat schon am Anfang bemerkt, dass es um ihn geht. Und er wird gern Entscheidungen fällen, die ihn persönlich betreffen. Mit Sicherheit, denn alles, was dem Menschen gut tut, führt zu Balance.

Der moderne Kaufprozess II

Grundlagenforschung: Dr. Frank Keller, Gesellschaft für Managemententwicklung

Raum für Ihre Bemerkungen, Ausarbeitung und Notizen

Raum für Ihre Bemerkungen, Ausarbeitungen und Notizen

Die „Wir-Kommunikation" oder der „Tod des Verkaufens"

MARIO SCHMIDT: Sie wollten noch etwas sagen zur Wir-Kommunikation.

KARSTEN BROCKE: Ja. Die WIR-Kommunikation wird sehr oft im Verkauf benutzt. Weshalb? Um ein sogenanntes Wir-Gefühl herzustellen, Beispiele: Also können wir mal nachdenken, wir können ja mal rechnen, dann können wir ja mal prüfen, wir können uns dann mal treffen und dann können wir noch einmal gucken. Kennen Sie das?

MARIO SCHMIDT: Oh ja, das kenne ich gut!

KARSTEN BROCKE: Also man will ein „Wir-Gefühl" erzeugen. Ein Verkäufer hört ab und zu mal Einwände. Also - einer sagt: *"Ich muss noch darüber schlafen"*. Ich habe noch nie einen Verkäufer gehört, der gesagt hat: *"Dann lass' uns hinlegen"*. Das habe ich noch nie gehört! Also spätestens, wenn Konflikte auftauchen, hört der Mensch auf, in der Wir-Kommunikation zu sprechen.
Und das ist auch gut so! "Wir" ist echt tödlich im Kaufprozess! Warum? "Wir" ist eine Krankenhaussprache. Kennen Sie die? *"Haben wir …"*

MARIO SCHMIDT: Kenne ich, auch von anderen Beamten. Von der Polizei zum Beispiel: *"Was haben wir denn da falsch gemacht"*?

KARSTEN BROCKE: Ja, ja toll. Die Antwort wäre ja dann gewesen: *"Wo haben Sie denn gesessen in dem Auto"*? Also *"Wie haben wir geschlafen?"*, *"Haben wir unsere Tabletten genommen?"* usw. - also völliger Quatsch!

Wir können weder gemeinsam denken noch können wir gemeinsam schauen, noch können wir gemeinsam rechnen. Also *Mario*, weg vom ICH und weg vom WIR!

Und nun zur Beantwortung. Ja klar, kann man die SIE-Kommunikation mit der Aktivierung lernen. Zuvor muss ich als Mensch, der umdenken will, oder etwas verändern will, raus aus meinen alten Denkmustern und Denkweisen.

Ich muss also, um einen bewussten Prozess des Lernens und Umdenkens in Gang zu setzen, um einen Paradigmenwechsel zu vollziehen, muss ich bereit sein!

Unsere „Gehirnmieter" oder das „Pferdesyndrom"

Zäsur im Denkprozess - ein Paradigmenwechsel

KARSTEN BROCKE: Vor einigen Jahren habe ich das erste Mal Pferdetrainings zum Thema „Führung und Kommunikation" durchgeführt. Dabei geht es darum, dass die Teilnehmer, also die Führungskräfte, lernen, ihre Mitarbeiter besser zu führen und besser in der Art und Weise ihrer Kommunikation zu werden, ok?

MARIO SCHMIDT: Hm!

KARSTEN BROCKE: Pferde sind wunderbare Wesen, denn sie reagieren immer sofort auf jedwede Art der Kommunikation, verbal oder nonverbal. Ihre Reaktion ist also immer spontan und direkt. Deshalb nutze ich sie gern.

MARIO SCHMIDT: Ja, aber warum funktioniert das so gut?

KARSTEN BROCKE: Na, Pferde wissen ja nicht, dass ein Vorstand oder ein Chef eines Unternehmens vor ihnen steht. Übrigens nach dem Seminar auch noch nicht. Da lernen die Führungskräfte Führung an einer langen Leine, kurzen Leine oder ohne Leine, wie funktioniert also Führung von Menschen und die Pferde sind nur Mittel zum Zweck. Zum Schluss übrigens, nach dem Training, folgt das Pferd ihnen freiwillig.

Diese Erkenntnisse werden dann in die Praxis übertragen.

Nun ist mir bei diesen Trainings eine Information bekannt geworden, die entscheidend für das Überleben eines Pferdes ist. Wenn es in einem Stall lichterloh brennt und Sie als Halter des Pferdes gehen voller Mut in den Stall, um die Pferdeboxtür zu öffnen, dann rennt das Pferd nicht hinaus.

Das Pferd verlässt nicht seine vertraute Umgebung, also Box. Sie können unter Einsatz übrigens Ihres Lebens, *Mario*, in den Stall gehen und versuchen, das Pferd mit einem Strohballen oder einer Decke zum Rausrennen zu veranlassen, aber auch das ist natürlich sehr gefährlich wiederum für Sie. Denn das Pferd wird sich sträuben und versuchen, irgendwie in der Box zu bleiben.

MARIO SCHMIDT: Also das Pferd bewegt sich nicht, bleibt in der Box, aber warum ist das so?

KARSTEN BROCKE: Es springt in der Box rum, aber geht nicht raus! Es kennt sich dort aus, *Mario*, es ist dem Pferd alles vertraut, dort schläft es, dort frisst es, dort wird's gestriegelt, das heißt, das Pferd weiß: „Hier bin ich sicher".

Und so geht es auch vielen Menschen. Wenn etwas Neues auf sie zukommt oder sie mit außergewöhnlichen Denkmustern konfrontiert werden, dann befinden sie sich womöglich auch zu oft in Ihrer Box. Sie tun sich dann schwer, Gedanken umzudenken, sich einer neuen geistigen Variante zu öffnen und lassen dann lieber alles beim Alten. Die innere Begründung übrigens ist relativ einfach: Was man kennt, findet man gut, man kennt sich eben aus und das führt übrigens zu Balance. Und deshalb ist es sehr problematisch, immer wieder sich zu stellen und Neues zu lernen.

MARIO SCHMIDT: Haben Sie dafür auch wieder praktische Beispiele?

KARSTEN BROCKE: Ja, klar, das haben Sie doch auch schon gehört: *„Es ist doch alles gut so."*, *„Was man hat, hat man"*, *„Wer weiß schon, was kommt"*, *„Der Spatz in der Hand ist besser als die Taube auf dem Dach"*,

„Ja, wenn ich mehr weiß, dann werde ich gleich anfangen",
„Es ging doch immer gut, weshalb etwas ändern?".

"Wissen Sie, Mario, ich mache den Job schon so lange,
weshalb soll ich nun etwas Neues tun?". "Wir sind seit Jahren
zusammen, weshalb ein Risiko eingehen, wenn man das alles
schon mal erlebt hat." "Ich bin unglücklich im Job, aber man
kann nicht alles ändern". „Mein Chef übrigens macht mir das
Leben zur Zeit zur Hölle, aber man kann nichts dagegen tun!"
„Wenn ich mehr Geld hätte, ja dann würde ich loslegen". Usw.,
usf. ...

Merken Sie, *Mario*, diese Menschen, die so was sagen und
zwar jeden Tag aufs Neue, sind in ihrer Box gefangen. Sie
rennen gegen Wände, wenn sie so denken. Sie brennen aus
und ihnen versagen irgendwann die Kräfte, siehe Burnout. Die
Hitze in der eigenen Küche ihrer in ihnen innenlebenden
verbrannten Gedanken macht sie wahnsinnig.

Denn eines ist wohl klar: „Althergebrachtes" zu denken und
gleichzeitig „Neues" zu erschaffen, funktioniert nun mal nicht.
Also wenn ich etwas lernen will, dann muss ich die
Bereitschaft aufbringen, Bewährtes zu bewahren, aber auch
Neues zu wagen!

MARIO SCHMIDT: Das ist absolut überzeugend. Nun stellt
sich richtigerweise die spannende Frage: *„Wie komme ich nun*
raus aus dieser Box oder erweitere diese einengende Box
drastisch?"

KARSTEN BROCKE: Diese Aufgabe lösen Sie, indem Sie Ihre
Wahrnehmung steigern und mit Mut Ihre Gedanken in eine
erneuerte, andere geeignete Richtung selbst lenken.

Sie haben die Möglichkeit und die Fähigkeit, dies auch zu tun, seit Ihrer sozialen Geburt, also seit dem Zeitpunkt, wo Ihnen bewusst wurde, dass Sie denken können und denken dürfen. Verweigern Sie sich nicht dieser Aufgabe, niemals. Die Denkrichtung bestimmen Sie, nur Sie. Können Sie sich noch erinnern: w e r ärgert Sie?

MARIO SCHMIDT: Ich?

KARSTEN BROCKE: Sie ärgern sich nur selbst. S i e denken, was Sie denken und das, was Sie denken, wird mehr oder weniger wahr. Das heißt, wenn Sie umdenken, haben Sie eine echte Chance, aus Ihrer Box auszubrechen oder wenigstens die Box zu erweitern. Das ist zwar herausfordernd, manchmal auch schwierig, aber es ist lohnenswert.

MARIO SCHMIDT: Dann werden die Menschen, die ihre Box erweitern, leichter wegkommen vom Misserfolgsvermeider zum Erfolgsbringer – wie Sie es gern betiteln, *Karsten*?

KARSTEN BROCKE: Ja, die meisten Menschen sind Misserfolgsvermeider, das ist nun mal so. Also, Sie sind mal kurz mein Sohn, ok?

MARIO SCHMIDT: Mache ich gern!

KARSTEN BROCKE: Ich sage: "*Du bist um 7 oben!*" Wann sind Sie oben?

MARIO SCHMIDT: Na ich versuche, um 7 Uhr da zu sein.

KARSTEN BROCKE: Ja, weil Sie Misserfolg vermeiden. Sie wollen einfach keinen Ärger kriegen. Ich sage zu Ihnen: „*Das, was auf dem Teller ist, wird aufgegessen!*"

MARIO SCHMIDT: Ich putze es runter!

KARSTEN BROCKE: So ist es! Selbst wenn Sie keinen Hunger mehr haben. Warum? Weil Sie Misserfolg vermeiden wollen.

Die Lehrerin sagt: *„Mensch, Sie haben alle Aufgaben gut gelöst, aber 3 Fehler.“* Merken Sie was, *Mario*?

MARIO SCHMIDT: Ich werde lernen!

KARSTEN BROCKE: So ist es, Sie wollen Misserfolg vermeiden. Das ganze Leben läuft genau so ab, das heißt, wir werden zu Misserfolgsvermeidern gemacht. Wir waren das als Kinder nicht. Vielleicht können Sie sich daran noch erinnern? Da traut man sich, auf den großen Hund zuzugehen. Heute haben vor großen Hunden viele Angst, ok?

Also, wenn ich mir klar werde, dass ich umdenken kann, intensiver und lösungsorientierter und zielgerichteter in die Zukunft gucken kann, dann geht es nur durch Wissen. Also ich muss es wissen, wie es funktioniert, glauben reicht da nicht. Deshalb setzt hier genau der FAIRkaufsBROCKEn® mit seiner Wissensvermittlung an.

Sich der Fähigkeit wirklich bewusst zu werden, was man wirklich erreichen kann und dies mit eigenen Wünschen in Einklang zu bringen, ist wohl der entscheidende erste Schritt, den Sie zu gehen haben. Also aus der Box wirklich heraus kommen zu wollen. Durch das Anwenden der Erkenntnisse aus dem FAIRkaufsBROCKEn® auf der Grundlage der modernen Hirnforschung und der Erkenntnisse der angewandten Psychologie können Sie es schaffen.

Durch das Zulassen von anderen Sichtweisen und innovativen Gedankengängen, durch den Mut, seinen und anderen Denkmustern und Glaubenssätzen nicht nur zu folgen, sondern sie ab und zu auch mal zu hinterfragen, können Sie es schaffen. So werden Sie Ihre Chancen drastisch erhöhen und der Erfolg wird wie Wasser aus einem Hydranten fließen.

Jetzt geben Sie dem Erreichen Ihrer Ziele eine besondere Dynamik, indem Sie diese Ziele, durch Handeln mit höchster Motivation und Empfindung verfolgen.

In der Bibel steht wohl die Grundlage all dieser Denkmuster: „Was Du säst, wirst Du ernten".

Also wenn Menschen ihre Box erkennen, dann haben sie die Grundlage geschaffen, um sie auch zu erweitern und sie verstehen besser, es ist Vieles möglich, viel mehr, für möglich gehalten haben.

Ein wirklich guter Kollege, *Jens Corssen*, sagt dazu immer gern: *„Erfolg ist eine Überwindungsprämie"*. Also noch einmal: *„Erfolg ist eine Überwindungsprämie"*, und das scheint wohl wirklich so zu sein.

Mein Freund, *Bernd W. Klöckner*, der immerhin 42 Bücher geschrieben hat über Verkauf, Einstellung und Gedankenjustierung, formuliert es seit über 10 Jahren gerne so: *„Keinen Termin haben Sie schon", „Keinen Umsatz haben Sie schon", „Keinen Erfolg haben Sie schon"* oder *„Nicht gekauft hat der Kunde schon"*. Also umdenken macht echt Sinn!

MARIO SCHMIDT: Was muss ich nun tun, um diese Box zu sprengen?

KARSTEN BROCKE: Wenn Sie erkennen, dass Sie die Leistungsfähigkeit besitzen und dann den Leistungswillen aufbringen, mit Leistungsbereitschaft, dann wird es klappen. Der Spruch und der entscheidende Spruch ist: Leistungswille.

MARIO SCHMIDT: *Karsten*, ich habe dazu sogar eine schöne Geschichte. Die möchte ich kurz erzählen. Ist es ok für Sie?

KARSTEN BROCKE: Klar *Mario*.

MARIO SCHMIDT: Da legen wir mal los. Das Leben ist wie ein Paar Schuhe!

Stellen Sie sich vor, lieber *Karsten*, Ihre Schuhe, die Sie tragen, sind „fertig" und wirklich ausgelatscht. Sie brauchen neue Schuhe und beschließen, sich welche zu kaufen. Sie gehen natürlich in ein modernes Schuhgeschäft und suchen sich, nach langem Hin und Her und vielen „Anproben", neue Schuhe aus, kaufen sie und gehen glücklich nach Hause.

Am nächsten Tag ziehen Sie sie wieder an und gehen vergnügt zu Ihrem Vortrag. Im Laufe des Tages bemerken Sie aber: *„Oh, diese Schuhe drücken aber doch schon ganz schön"*. *„Naja"*, denken Sie, *„die laufen sich schon ein"*. Und tatsächlich, nach einer Weile „passen" die Schuhe wie angegossen. Ein gutes Gefühl stellt sich bei Ihnen ein, und so werden nach und nach diese Schuhe Ihre „Lieblingstreter".

Blöd nur, dass genau diese Schuhe, die Sie nun täglich tragen, nach einer gar nicht so langen Weile anfangen, am Hacken „auszulatschen" und „unrund" werden. *„Macht nichts, da geht noch was"*, sind oft die Gedanken, die Sie in sich tragen.

Aber irgendwann kommt dann der Moment, wo Sie sich sagen: *„Nun aber ab zum Schuster und neue Sohlen rauf"*. Gesagt, getan. Nun, Sie haben Ihre Schuhe fast wie neu wieder.

Sie tragen diese Schuhe so oft es geht, denn sie sind ja so bequem. Was passiert nun in der nächsten Zeit?

Nach und nach wird auch die neue Sohle immer „brüchiger" und es kommt der Moment, wo Sie voller Mitgefühl Ihre Schuhe am Morgen anschauen und zu sich sagen werden: *„Schade, die waren so bequem, nun muss ich mir wieder neue Schuhe kaufen"*!

Gesagt, getan. *Karsten*, Sie brauchen neue Schuhe und beschließen, sich welche zu kaufen. Sie gehen in ein modernes Schuhgeschäft und suchen sich, nach langem Hin und Her und vielen „Anproben", neue Schuhe aus, kaufen sie und gehen glücklich nach Hause. Am nächsten Tag ziehen Sie sie an und gehen wieder vergnügt zum Vortrag. Im Laufe des Tages bemerken Sie: *„Oh, diese Schuhe drücken aber doch"*. *„Naja"*, denken Sie, *„die laufen sich schon ein."*

Und tatsächlich, nach einer Weile „passen" diese Schuhe wie angegossen. Ein gutes Gefühl stellt sich bei Ihnen wieder ein, und so werden nach und nach auch diese Schuhe Ihre „Lieblingstreter".

Blöd nur, dass genau diese Schuhe, die Sie nun täglich tragen, nach einer gar nicht so langen Weile anfangen, am Hacken „auszulatschen" und „unrund" werden. *„Macht nichts, das geht noch"*, sind oft die Gedanken, die Sie in sich tragen. Aber irgendwann kommt der Moment, wo Sie sich sagen: *„Nun aber ab zum Schuster und neue Sohlen rauf"*.

Gesagt, getan......

Nun, Sie haben Ihre Schuhe fast wie neu wieder. Ist das Ritual irgendwie bekannt?

KARSTEN BROCKE: Ja!

MARIO SCHMIDT: Sie tragen diese Schuhe so oft es geht, denn sie sind ja so bequem. Was passiert nun in der nächsten Zeit? Nach und nach wird auch die neue Sohle immer „brüchiger" und es kommt der Moment, wo Sie voller Mitgefühl Ihre Schuhe am Morgen anschauen und zu sich sagen werden: *„Schade, die waren so bequem, nun muss ich mir wieder neue Schuhe kaufen"*. Gesagt, getan. Und, merken Sie was?

KARSTEN BROCKE: Na klar!

MARIO SCHMIDT: So ist das immer wieder. Irgendwann müssen wir uns neue Schuhe kaufen, und meist haben die etwas an sich, was uns gar nicht gefällt.

Sie gehen immer wieder kaputt. Dann benötigen Sie neue Schuhe, und die „drücken" nun mal, wenn Sie „neu" sind.

KARSTEN BROCKE: Ja, *Mario,* so ist es, das ganze Leben spielt sich so ab. Immer, wenn Sie denken, *„Alles ist gut",* wenn Sie sich „eingerichtet" haben, endlich zufrieden sind und denken: *„Jetzt ist alles in Ordnung",* genau dann kommt was Neues und Sie empfinden es möglicherweise eher als unangenehm oder zumindest herausfordernd, manchmal auch unfair.

Es „drückt" eben. Veränderungen sind eben nicht immer einfach anzunehmen, und gedachte Gedanken zu hinterfragen, ist auch nicht immer leicht, aber Sinn stiftend.

„Manchmal muss man einen Ast absägen, damit der Baum wieder wächst", hat mir mein Trainerkollege und REDNER DES JAHRES 2012 *Dirk Kreuter* ins Stammbuch geschrieben.

Um nun aus einem Gedankengefängnis ausbrechen zu wollen, ist es erst einmal erforderlich, zu erkennen, dass man in einem Gefängnis ist, ok? Dann ist es gar nicht so schwer, es auch zu tun. Modern und innovativ Verkaufen zu lernen ist wie eine Diät. Macht nicht wirklich immer Spaß, aber bei einer hohen Konsequenz klappt es.

Schon *Charles Darwin* sagte: „Es sind nicht die Stärksten einer Gattung, die überleben, auch nicht die Intelligentesten, sondern diejenigen, die am besten mit Veränderungen umgehen können."

Dirk Kreuter
Mehr unter: www.dirkkreuter.de

So werden Sie zum B€STSELLER

MARIO SCHMIDT: *Karsten*, weshalb nennen sich so viele „Verkäufer" nicht Verkäufer sondern Berater, Consultant, Vertreter, Sales-Man, Vertriebsbeauftragter und so weiter. Hat das auch mit dem Gedankengefängnis und der Balance zu tun? Bedeutet das, dass sie nicht hinter ihrem eigentlichen Beruf stehen?

KARSTEN BROCKE: *Mario*, teils, teils. Manche stehen wirklich nicht hinter ihrem Beruf und sind oft deshalb nicht wirklich konsequent und deshalb nicht erfolgreich. Da geht es mehr ums Hoffen und ums Glück.

Andererseits ist es auch verständlich, also wenn ein Kunde einen Menschen kennenlernt, der sagt „*Guten Tag, ich bin Verkäufer.*" Da denken viele Kunden sofort: "*Oh, oh, oh, der will mir was verkaufen!*" Sie kommen so aus der Balance, also teils, teils. Aber von einem Verkäufer zu erwarten, dass er nicht verkaufen will, ist ja auch blöd. Dann könnte man sich ja auch die Hände waschen und verwundert darüber nachdenken, weshalb Wasser nass ist. Gute Verkäufer wissen eben, dass das Gesetz der großen Zahl funktioniert. Bei den TOP Leuten und echten Stars im Verkauf funktioniert es, denn sie haben meist viele Nullen hinter sich gelassen.

MARIO SCHMIDT: Ja, das ist aber gemein.

KARSTEN BROCKE: Ja, das stimmt schon. Ich schätze, dass etwa 1 - 2 % unserer Beschäftigten in den Unternehmen in Deutschland nur im Verkauf tätig sind. Also eigentlich eine echte Elite, zu der man gehören kann und möglicherweise auch möchte. Gerade Verkäufer sind es doch, die die Wirtschaft in Gang halten, *Mario*, die sie beschleunigen, die helfen, Entscheidungen zu treffen.

Verkäufer sind Menschen, die Sorge tragen, dass Entscheidungen getroffen werden, die sonst gar nicht oder oft viel zu spät getroffen würden. Häufig sind Verkäufer im Übrigen die Einzigen im Unternehmen, die Geld einnehmen! Also, ob Verkauf oder Verkaufen etwas Ehrenhaftes oder eine Schande ist, das muss jeder zuerst einmal für sich mental in sich selbst klären, *Mario.*

MARIO SCHMIDT: Gut – woran liegt es dann aber, dass viele Verkäufer noch nicht den Erfolg haben, der ihnen eigentlich zusteht?

KARSTEN BROCKE: Ja, das ist ganz einfach. Es ist Unwissenheit. Und die daraus folgende Unsicherheit. Angst, vielleicht auch Angst vor Ablehnung und damit verbunden die Zerstörung ihrer eigenen Balance.

MARIO SCHMIDT: Ok, aber Ablehnung trifft ja meist gar nicht den Verkäufer oder Berater wirklich – meist ist er als Mensch doch gar nicht im Fokus der Ablehnung?

KARSTEN BROCKE: Ja, ja, aber es wird allzu oft vom beratenden Verkäufer gedacht und gefühlt. Dann bringen wir ein bisschen Klarheit mal in diese verkäuferische Kunst.

25 % der Menschen, die Sie kennen lernen, lehnen sowieso alles ab. 10% davon sind, ich nenne sie mal ganz gern hochgradig Suizid gefährdet, ok? Denen geht es nicht gut, die stehen im Sommer auf und sagen: *„Gott ist das warm!",* die stehen im Winter auf und sagen: *„ Gott ist das kalt!",* die stehen im Herbst auf und sagen: *„Gott ist das regnerisch!",* die gehen im Frühjahr aus dem Haus und sagen: *„Gott, sind hier viele Pollen unterwegs!"* Also, wenn die Jahreszeiten nicht wären, wäre das Leben besser, ok?

MARIO SCHMIDT: Ok!

KARSTEN BROCKE: Und dann gibt es weitere 15 Prozent, die finden in allem immer etwas schlecht! Und die lehnen Sie meist auch situativ ab. Kümmern Sie sich also um 25 % einfach nicht, lassen Sie sie einfach links liegen. Dann gibt es 15 %, die haben Sie immer. Also, Sie kommen irgendwo rein und sagen, "*Toll, Tag*" und er sagt: „*Tag, toll*". Einverstanden?

MARIO SCHMIDT: Einverstanden, und wenn ich jetzt richtig gerechnet habe, dann bleiben ganze 60 Prozent übrig.

KARSTEN BROCKE: Genau, und um diese Menschen sich zu kümmern, macht Sinn. Das sind die Menschen, wo genau der FAIRkaufsBROCKEn® ansetzt.
Hier ist es klug, unterstützend zu werden, Klarheiten zu schaffen und dem Menschen oder Kunden das Gefühl zu geben – ER steht im Mittelpunkt der Beratung. Hier brauchen wir die moderne Art der Kommunikation auf dem Wissensstand der aktuellen Hirnforschung. Hier MÜSSEN die Erkenntnisse des Neuromarketing einfließen.

Hier ist Methodik der Beeinflussung mit dem FAIRkaufsBROCKEn® notwendig und sinnvoll, denn hier muss der Mensch AKTIVIERT werden, Entscheidungen zu fällen, die ihn betreffen.

MARIO SCHMIDT: Was bedeutet es nun aber, modern zu verkaufen, *Karsten*?

KARSTEN BROCKE: Ja, modern zu verkaufen, *Mario*, bedeutet, eine Veränderung im Konsumtionsverhalten des Kunden, also Menschen zu erwirken bzw. zu ermöglichen. So meine Definition. „Du musst es schaffen, Deine Interessen FÜR den Menschen zu seinen Zielen zu machen!" Und da kenne ich eben keine bessere Methode als die AKTIVIERUNG des anderen Menschen. Also weg vom klassischen Verkauf hin zu einem KAUFPROZESS.

Erst wenn der Mensch oder Kunde kaufen w i l l, wird er es tun. Haben wir schon darüber gesprochen.

Und wenn es mir gelingt, den Kunden mit der FAIRkaufstechnologie in eine AKTIVIERUNG zu bringen, also dazu zu führen, dass er merkt, es geht um ihn, dann wird er in seine Balance kommen und dann wird er kaufen.

MARIO SCHMIDT: Na klar, *Karsten*, soweit so gut. Aber man kann ja nicht allen alles verkaufen?

KARSTEN BROCKE: Natürlich nicht, *Mario*, ist doch klar! Der Kunde MUSS zumindest, das ist das Allerwichtigste, drei Kriterien erfüllen.

- Also erstens: *„Er MUSS es sich leisten können."*
- Zweitens: *„Es MUSS zu ihm passen."*
- Und drittens: *„Er MUSS es benötigen."*

Diese drei Kriterien müssen erfüllt sein. Dann muss er allerdings auch kaufen. Weil, wenn er jetzt nicht kauft, kauft er woanders. Punkt!

MARIO SCHMIDT: Also, ich fasse nochmal zusammen:

- „Er MUSS es sich leisten können",
- „Es MUSS zu ihm passen" und
- „Er MUSS es benötigen."

KARSTEN BROCKE: Genau!

MARIO SCHMIDT: Dann ist also Ihr Ansatz, im Kaufprozess anders zu sein, anders zu denken und anders zu kommunizieren als der Durchschnitt, ja mehr als berechtigt. Denn wir treffen ja immer wieder auf viele Menschen, die diese drei Kriterien erfüllen und dennoch findet kein Kaufprozess statt.

KARSTEN BROCKE: Ja, das ist leider so.

MARIO SCHMIDT: Das bedeutet dann ja, dass wenn ein Verkäufer zu viele ähnliche Tätigkeiten ausübt, die ähnliche andere Verkäufer auch ausüben und dann mit einer ähnlichen Ausbildung ähnliche Beratungen durchführen, diese dann mit ähnlichen Ideen versehen und dann noch ähnliche Dinge produzieren zu ähnlichen Preisen in ähnlicher Qualität, dann werden diese Verkäufer es in der Zukunft wohl schwer haben – oder nicht?

KARSTEN BROCKE: Genau, das ist der Ansatz des FAIRkaufsBROCKEn®.

Um wirklich außergewöhnlich erfolgREICH zu werden und auch dauerhaft Erfolg zu produzieren, ist es zwingend erforderlich, anders zu sein als der Durchschnitt. *Apple* hat es mit seinem i-Phone ja eindrucksvoll bewiesen.

Raum für Ihre Bemerkungen, Ausarbeitungen und Notizen

Die 7 A`s der modernen und innovativen Vermarktung

MARIO SCHMIDT: Was hat das mit den 7 A`s auf sich?

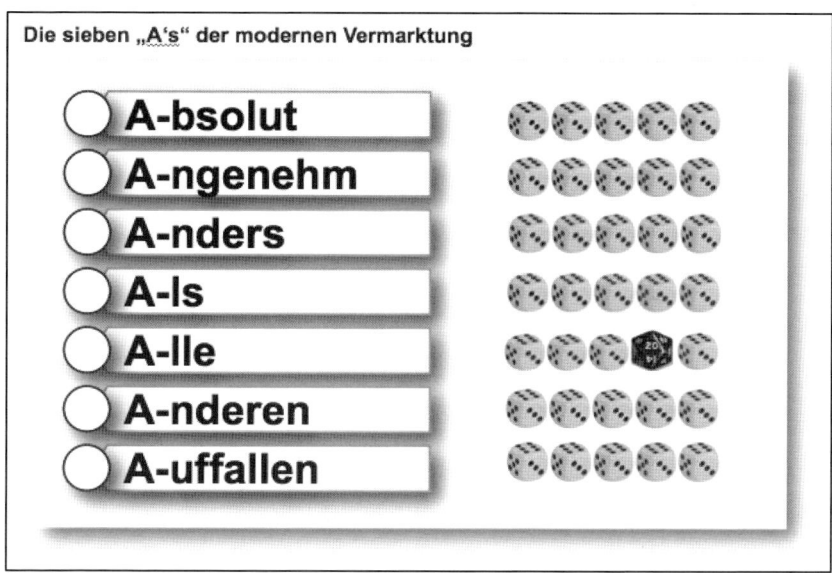

KARSTEN BROCKE: Seit vielen Jahren berichte ich und schule ich zu den 7 A´s der modernen Vermarktung und sage gleich mal, was es ist. Was musst Du machen? Du musst heutzutage als Verkäufer absolut angenehm anders als alle anderen auffallen. Ich wiederhole noch einmal, ok?

MARIO SCHMIDT: Ja!

KARSTEN BROCKE: Als moderner Verkäufer musst Du absolut angenehm anders als alle anderen auffallen. Erst wenn diese Kriterien erfüllt sind, werden Sie wirklich gemerkt, erkannt, wiedererkannt und im übrigen auch gern weiterempfohlen.

MARIO SCHMIDT: Absolut angenehm anders als alle anderen auffallen, kann man sich leicht merken!

KARSTEN BROCKE: Ja, absolut!

MARIO SCHMIDT: Um diese Andersartigkeit aufzuzeigen, nutzen Sie ja gern in Ihren Beratungen einen 20-seitigen Würfel.

KARSTEN BROCKE: Ja, das mache ich wirklich. Ich stelle es in den Vorträgen immer gerne vor. Weshalb so etwas Banales wie einen Würfel nutzen, *Mario*? Eine Frage, die sich vielleicht Viele jetzt stellen.

Es kommt nicht nur darauf an, was angeboten wird, denn genauso bedeutend ist das "Wie", also wie eine Ware oder eine Lösung präsentiert und inszeniert wird. Eine höhere Gehirnaktivität bei negativen Reizen zeigt auf, dass für Menschen die Schmerzvermeidung wichtiger ist als die Lustgewinnung. Dieses Phänomen ist evolutionär begründet. Wenn wir also Freude, Wertschätzung und Spaß in den Verkauf bringen, dann ist es ein Lustgewinn für den Kunden und ich spiele es mal bisschen vor, ok?

MARIO SCHMIDT: Ok!

KARSTEN BROCKE: Sie sind Kunde?

MARIO SCHMIDT: Ja!

KARSTEN BROCKE: Wunderbar! *"Sagen Sie, Mario, wie viele Seiten hat ein normaler Würfel?"*

MARIO SCHMIDT: *"Hm, 6."*

KARSTEN BROCKE: *"Genau! Wie viele hat dieser?"*

MARIO SCHMIDT: *"Der hat 20."*

KARSTEN BROCKE: *"Genau. Im Prinzip symbolisiert der Würfel den Unterschied zwischen einer Standardberatung und einer individuellen Beratung, ok? Sie können also entscheiden, wollen Sie eine Standardberatung, oder möchten Sie lieber eine auf Sie zugeschnittene, also viel umfangreichere Beratung, vielleicht auch eine, wo wir mehr Zeit benötigen. Entscheiden Sie!"*

MARIO SCHMIDT: *"Ich nehme die umfangreichere Beratung."*

KARSTEN BROCKE: *"Wunderbar, den Würfel dürfen Sie im Übrigen behalten, weil wenn Sie jetzt "Mensch-ärgere-dich-nicht" spielen, gewinnen Sie immer."*

MARIO SCHMIDT: *"Vielen Dank, Herr Brocke!"*

KARSTEN BROCKE: Es wurde gelacht und die Balance hergestellt - durch ein Spiel mit einem Würfel.

MARIO SCHMIDT: Apropos, Wertschätzung. Sie übergeben Einzigartigkeit auch mit einer Visitenkarte.

KARSTEN BROCKE: Ja, das tue ich wirklich schon seit vielen, vielen Jahren. Ich bin auf die Idee gekommen, als ich im Marketingclub in den 90er Jahren zu Gast war und vielleicht kennen Sie das, *Mario*, man sammelt so Visitenkarten an Tischen ein.

MARIO SCHMIDT: Ja, das kenne ich!

KARSTEN BROCKE: Dann war ich zuhause und saß in meinem Büro und konnte mich an niemanden mehr erinnern. Ich hatte kein Bild mehr zu der Karte für mich im Kopf, ok?

MARIO SCHMIDT: Klar, kann sich ja niemand alle Gesichter merken.

KARSTEN BROCKE: Da habe ich mir überlegt, was kannst du anders machen. Und bin auf eine tolle Idee gekommen. Ich habe die Visitenkarte so gestaltet, dass ich sie aufklappen kann und ein Datum und meine persönliche Unterschrift drauf schreiben kann. Es steht übrigens auch drauf: "*Ihre persönliche Visitenkarte*". Und immer, wenn ich die Visitenkarte übergebe, unterschreibe ich sie und oftmals füge ich das Datum hinzu. Ich mache Ihnen das kurz mal vor:

"*Mario, darf ich Ihnen am Anfang unseres Gespräches meine Visitenkarte überreichen*"?

MARIO SCHMIDT: "*Das können Sie gern tun*".

KARSTEN BROCKE: "*Oh, danke. Ich unterschreibe die Visitenkarte im Übrigen aus einem ganz besonderen Grund. Unser Gespräch ist persönlich und dann soll es die Karte auch sein*".

MARIO SCHMIDT: "*Vielen Dank, Karsten Brocke!*"

KARSTEN BROCKE: Haben Sie gemerkt, daraus wird also jetzt ein Geschenk.

MARIO SCHMIDT: Ja stimmt, bin erstaunt.

KARSTEN BROCKE: Ok, ich mache ein zweites Beispiel.
"*Mario, darf ich Ihnen am Anfang des Gespräches meine Visitenkarte überreichen*"?

MARIO SCHMIDT: "*Das können Sie gern machen!*"

KARSTEN BROCKE: "*Ich schreibe das Datum mit drauf, heute ist der...?*"

MARIO SCHMIDT: "*Heute ist der 17. Januar 2013*"

KARSTEN BROCKE: "*Wunderbar, weil wir haben uns heute das erste Mal kennengelernt und da das ein besonderer Tag ist, schreibe ich das Datum gleich mit auf Ihre Visitenkarte, denn diesen Tag möchte ich gern festhalten. Ist das ok für Sie?*"

MARIO SCHMIDT: "*Ja klar! Das ist sehr ok für mich*".

KARSTEN BROCKE: Merken Sie *Mario*, Sie kommen in Balance. Die meisten Visitenkarten werden auf den Tisch gelegt, rüber geschoben, manchmal auch von sich weggeschoben und wirken sehr dominant: „*Hier meine Karte*". Das führt nicht zu Balance.

Ein bisschen absolut angenehm anders als alle anderen aufzufallen, macht einfach Sinn!

MARIO SCHMIDT: *Karsten*, das sind ja alles Beispiele, die jeder Verkäufer eigentlich sofort übernehmen kann, ohne seine Authentizität zu verlieren. Haben Sie weitere Beispiele, die aufzeigen, wie man absolut angenehm anders als alle anderen auffallen kann?

KARSTEN BROCKE: Na, klar. Die Methodik der Beeinflussung, also dass der Mensch mir gegenüber Entscheidungen fällt, die ihn betreffen, ist sehr vielschichtig, *Mario.* In der Kommunikation ist sie übrigens ebenso bedeutend wie im Marketing.

In der Bibel steht ja schon: *Am Anfang war das Wort*. Wörter, *Mario*, haben eine unglaubliche Macht und auch unglaubliche Wirkungen.

MARIO SCHMIDT: Geben Sie unseren Zuhörern einige Beispiele, *Karsten*?

KARSTEN BROCKE: Klar, gern.
Verkäufer beginnen ja oft am Anfang eines Gespräches das Verkaufsgespräch mit der Frage: *„Wie geht es Ihnen?"*

MARIO SCHMIDT: "*Ja, danke geht so, könnte besser laufen, das Jahr sollte schon noch besser werden als das alte*".

KARSTEN BROCKE: Genau! Ich weiß ja nicht genau, was Sie da sagen und wenn Sie sagen, *„Eh, mir geht es schlecht!"*, dann wäre das bestimmt nicht der beste Beginn.

MARIO SCHMIDT: Hmm. Ja, das ist so.

KARSTEN BROCKE: Also, wäre besser anzufangen, zum Beispiel zu fragen: *„Mario, geht es Ihnen auch gut?"*

MARIO SCHMIDT: "*Ja, Dankeschön, vielen Dank, mir geht es gut.*"

KARSTEN BROCKE: Genau, ich habe also jetzt schon mal die Möglichkeit einer Lenkung, also einer Beeinflussung.
Nehmen wir ein anderes Beispiel:
"*Sagen Sie Mario, haben Sie in letzter Zeit etwas Gutes erlebt*"?

MARIO SCHMIDT: "*Ja, ich kann mich da an einige schöne Dinge erinnern*".

KARSTEN BROCKE: Merken Sie, *Mario,* Sie erinnern sich jetzt an etwas Gutes. Es entsteht in Ihnen Balance und Sie sind entstresst.

MARIO SCHMIDT: Ja, das macht Sinn.

KARSTEN BROCKE: Und das war ein total einfacher Anfang. Ich mach' noch eins - jetzt mal fürs Telefon. Ich rufe Sie einfach mal an: *Kling, klingling*

MARIO SCHMIDT: "*Hallo, Schmidt hier, guten Tag*".

KARSTEN BROCKE: "*Guten Tag Herr Schmidt. Mein Name ist Karsten Brocke: Haben Sie einen Augenblick Zeit für gute Nachrichten*"?

MARIO SCHMIDT: "*Für gute Nachrichten - immer.*"

Raum für Ihre Bemerkungen, Ausarbeitungen und Notizen

Die Technik und Beispiele zu innovativen Ansprachen und Aktivierungsfragen

Ja oder Nein – egal

MARIO SCHMIDT: Sie haben ja wirklich innovative Fragen und Aktivierungsfragen, die Menschen bewegen, sich selbst zu bewegen. Wie funktioniert diese Technik der aktiven Beeinflussung nun genau, *Karsten*?

KARSTEN BROCKE: Im Prinzip ist es ganz einfach. Die AKTIVIERUNG erfolgt N U R, wenn der Kunde/Mensch animiert wird, Entscheidungen zu fällen, die ihn selbst betreffen.

Dazu gibt es ein System nach dem FAIRkaufsBROCKEn®

Positive Aktivierungsfragen:
- *Haben Sie...*
- *Kennen Sie...*
- *Wollen Sie...*
- *Möchten Sie...*
- *Unterstützen Sie...*
- *Fördern Sie...*
- *Wussten Sie das...*

Negative Aktivierungsfragen:
- *Haben Sie bewusst unterlassen...*
- *Haben Sie bewusst verzichtet auf...*
- *Nutzen Sie mit Absicht nicht...*
- *Würden Sie bewusst auf ... verzichten...*

... und dann immer als Frage enden.

Raum für Ihre Bemerkungen, Ausarbeitungen und Notizen

Beispiele für die Praxis

1. Würden Sie etwas unterstützen, was Ihnen mehr Geld bringt?

2. Unterstützen Sie eine Beratung, die Ihnen mehr Geld bringt?

3. Möchten Sie mehr Geld am Ende des Monats?

4. Haben Sie Interesse daran, Ihren Arbeitgeber in Ihre private Altersvorsorge mit einzubeziehen?

5. Profitieren Sie gerne von gewinnbringenden Informationen?

6. Sie können sich fragen, warum ich anrufe, richtig? Wenn Sie wissen, dass Sie nach einem Gespräch mit mir mehr Geld haben, treffen wir uns dann?

7. Wenn Sie wüssten, wie Sie es verhindern können, dass der Staat Ihnen noch tiefer in die Tasche greift, hätten Sie diese Information dann gerne?

8. Unterhalten Sie sich gerne mit netten Menschen, die Ihnen auch noch finanzielle Vorteile bringen?

9. Nutzen Sie schon die Vorteile, die Ihnen eine ganzheitliche, allumfassende Beratung bietet?

10. Wenn Ihre Familie und Ihre Freunde viel Geld sparen, würden Sie sich dann gut fühlen?

11. Sind Sie generell jemand, der eine gute und sich lohnende Dienstleistung weiterempfehlen würde?

12. Wenn Sie feststellen würden, dass Sie viel Geld sparen, würden Sie Ihren besten Freunden auch davon erzählen?

13. Würden Sie sagen, dass eine solche Beratung auch für andere Leute Sinn ergeben könnte?

14. Können Sie {Familie / Freunde / Arbeitskollegen} nicht leiden, oder warum verhindern Sie, dass er eine solide Beratung erhält? – Nein! – D. h. Sie würden Ihm doch davon berichten?

15. Würden Sie sich freuen, wenn Ihre Freunde Sie anrufen und sich dafür bedanken, dass sie auch eine Vorteile bringende Beratung erhalten durften?

16. Würden Sie es unterstützen, dass Ihrer Familie alle Möglichkeiten zur Verfügung stehen, viel Geld einzusparen?

17. Was spricht aus Ihrer Sicht dafür, dass Ihre engsten Freunde die gleichen Vorteile für sich nutzen können, wie Sie das gerade tun?

18. Glauben Sie, dass Ihre engsten Freunde alle Möglichkeiten ausnutzen, um finanzielle Vorteile zu genießen? Würden Sie es ihnen auch gönnen?

19. Würden Sie sich gut fühlen, wenn sich alle Ihre engsten Freunde bei Ihnen für wertvolle Informationen bedanken?

20. Würden Sie Ihren engsten Freunden Informationen weitergeben, für die sie Ihnen sehr dankbar wären?

21. Unterstützen Sie Ihre Familie, Bekannten und Freunde und erzählen Sie von der guten Beratung, die Sie erhalten haben?

22. Unterstützen Sie solche guten Informationen auch für Ihre engsten Freunde? Wenn Sie das hier so betrachten, was Sie alles bekommen – gönnen Sie das auch Ihren Freunden?

23. Wenn Sie so eine Gehaltserhöhung bekommen, unterstützen Sie Ihre engsten Kollegen auch, damit auch sie mehr Geld bekommen?

24. Haben Sie bisher mit Vorsatz verhindert, dass auch Ihre wichtigen Leute die Kosten senken können? – Nein! – Das heißt, Sie gönnen das auch Ihren engsten Freunden?

25. Erzählen Sie anderen von dem Gespräch, wenn Sie merken, dass es sich für Sie lohnt?

26. Würden Sie sagen, dass auch andere Menschen das Privileg haben sollten, so optimal aufgestellt zu sein, wie Sie es gerade sind?

27. Gönnen Sie Ihren Mitmenschen auch finanzielle Vorteile?

28. Wenn Sie wüssten, dass es sich für Ihre Freunde lohnt, würden Sie dann die Telefonnummer weitergeben? (Für den Kundeneinwand: „Ich gebe keine Telefonnummern weiter!")

29. Haben Sie einen Augenblick Zeit für sich (und Ihre Familie)?

30. Unterstützen Sie eine Beratung, die ganz individuell auf Sie zugeschnitten ist?

31. Unterstützen Sie eine Beratung, die Ihre finanziellen Verhältnisse drastisch verbessert?

32. Möchten Sie in allen Lebenslagen Sicherheit für sich und Ihre Familie?

33. Wenn Sie wüssten, Sie würden die gleiche Leistung für weniger Geld bekommen, würden Sie das für sich in Anspruch nehmen wollen?

34. Möchten Sie Ihre Lebensqualität erhöhen?

35. Würden Sie eine {halbe} Stunde Ihrer Zeit investieren, wenn Sie dadurch hohe finanzielle Vorteile haben?

36. Sind Sie offen für positive Veränderungen in Ihrem Leben?

37. Wollen Sie, dass Ihre Familie im Falle, dass Ihnen etwas zustößt, gut versorgt ist?

38. Wenn Sie erkennen, dass die Dienstleistung erhebliche Vorteile bringt, würden Sie ....?

39. Würden Sie etwas unterstützen, was Ihnen finanzielle Vorteile und Sicherheit bietet?

40. Unterstützen Sie eine Dienstleistung, wenn Sie erkennen, dass sie Ihnen klare Vorteile bringt?

41. Erwarten Sie eine faire und ehrliche Beratung?

42. Haben Sie bewusst verhindert, dass Sie im Falle einer Berufsunfähigkeit finanziell ruiniert sind? Wenn Sie das heute lösen könnten, ...

43. Möchten Sie so beraten werden, dass Ihr Vorteil klar erkennbar ist? Wollen Sie, dass Ihr Hund Sie finanziell ruiniert?

44. Wenn Sie heute erkennen, dass Sie heute durch die Beratung erhebliche finanzielle Unterstützung bekommen, würden Sie das nutzen wollen?

45. Erwarten Sie für sich Nettigkeit oder Offenheit und Ehrlichkeit?

46. Haben Sie vorsätzlich Ihre Finanzen so aufgestellt, dass es erhebliche Nachteile für Sie bringt? – Nein! – Wenn Sie das heute ändern können, würden Sie das für sich nutzen wollen?

47. Möchten Sie in den nächsten Jahren mehr Geld für sich haben? Wollen Sie sicherstellen, dass Sie mit Ihrem Haushalt bestens aufgestellt sind?

48. Wenn Sie erkannt hätten, dass Ihre jetzige Anlage sich schlecht verzinst, hätten Sie sie dann gemacht?

49. Wenn Sie die Vorteile der Beratung klar erkennen, würden Sie diese dann auch umsetzen? Wenn Sie alle Vorteile des Konzepts erkennen, würden Sie das dann für sich nutzen wollen?

50. Wenn Sie selbst erkennen, Sie können es sich leisten, es macht Sinn und Sie erkennen die Notwendigkeit, können Sie dann eine Entscheidung treffen?

Die wohl attraktivsten und wertvollsten innovativen Fragen, die ich in den letzten Jahren lernen durfte, kamen von meinem eigenen Bruder *Uwe*. Er ist selbst ein leidenschaftlich beratender Verkäufer, ein guter Lehrer und Kritiker und verdammt erfolgreich in Deutschland für sein Unternehmen unterwegs.

Seine drei innovativen, zielorientierten und klaren Fragen, die zu einem erstaunlichen Ergebnis führen, sind:

- *Wie werthaltig ist Ihnen diese Information?*
- *Wie schätzen Sie den Wert dieser Darlegungen ein?*
- *Wenn Sie einen hohen Wert erkennen, würden Sie dann auch investieren und das Resultat nutzen?*

Sie bemerken schon: Die Frage nach der *„Werthaltigkeit"* zwingt Ihren Zuhörer zum Nachdenken und zu einer überzeugenden Eigenargumentation.

Die Technik und Beispiele zu innovativen Ansprachen und Aktivierungsfragen mit einer echten Nutzenargumentation

1.

Berater: Haben Sie auch bereits Ihre eigene Gesundheitsreform ins Leben gerufen?

Kunde: Nein

Berater: Das ist aber schade. Genießen Sie absichtlich nicht für wenig Beitrag die Vorzüge eines Privatpatienten?

2.

Berater: Kennen Sie schon das neueste Finanz-Navigationssystem?

Kunde: Nein.

Berater: Sie sprechen gerade damit. Sie geben mir Ihren nächsten freien Termin in Ihrem Terminkalender und ich sorge dafür, dass Sie Ihr Ziel erreichen.

3.

Berater: Haben Sie schon meine neue Frisur gesehen?

Kunde: Ja habe ich.

Berater: Auch für Ihre Finanzen ist ein gutes Styling wichtig. Wann setzen Sie die Schere an?

4.

Berater: Kennen Sie das auch? Sie schlagen am Morgen die Zeitung auf und sehen nur Negativ-Schlagzeilen?

Kunde: Ja das ist oft so.

Berater: Dann setzen wir uns ganz schnell zusammen und schreiben Ihre persönliche Finanz-Erfolgsstory, ok?

Kunde: Ja klar!

5.
Berater: Tragen Sie einen Gürtel auf Ihrer Hose? Bei der Altersvorsorge müssen Sie den Gürtel enger schnallen. Beim jetzigen Stand müssen Sie den Gürtel 4 Löcher enger stellen, stehen Sie mal auf und machen Sie den Gürtel 4 Löcher enger, geht das?
Kunde: Nein das geht nicht!
Berater: Dann treffen wir uns ganz schnell und sorgen für mehr Bewegungsfreiheit und erweitern Ihren finanziellen Spielraum, einverstanden?
Kunde: Ja klar!

6.
Berater: Haben Sie absichtlich auf alle staatlichen Förderungen verzichtet?
Kunde: Ich glaube, ich nutze alle Möglichkeiten.
Berater: Dann setzen wir uns zusammen und Sie kommen vom Glauben zum Wissen, wäre das ok für Sie?
Kunde: Das wäre in Ordnung.

7.
Berater: Haben Sie bei Ihren Finanzen bewusst auf Reserven verzichtet?
Kunde: Nein, natürlich nicht.
Wollen Sie diese unter Umständen mit klugem und angemessenem Aufwand richtig fett aufstocken?
Kunde: Ja klar!

8.
Berater: Haben Sie auch schon von den Abnehm-Pillen gehört, die der Staat zurzeit verordnet? Die machen Ihren Geldbeutel immer dünner.
Kunde: Nein, das habe ich noch nie gehört.
Berater: Ich habe das Gegenmittel dazu. Wann möchten Sie mit der Einnahme beginnen.
Kunde: So schnell es geht, natürlich.

9.

Berater: Halten Sie Vorsorgeuntersuchungen für notwendig und sinnvoll?

Kunde: Klar, macht ja Sinn.

Berater: Dann machen Sie doch Ihren eigenen finanziellen Vorsorge-Check! Wann geht es nächste Woche bei Ihnen gar nicht?

Kunde: Mittwoch

Berater: Gut, dann nehmen wir Donnerstag!

10.

Berater: Wussten Sie, dass viele meiner Kunden gern weitere finanzielle Vorteile erhalten?

Kunde: Das wusste ich nicht.

Berater: Würden Sie sich die weiteren finanziellen Vorteile sichern wollen?

Kunde: Na klar!

11.

Berater: Herzlichen Glückwunsch, Sie sind der tausendste Bestandskunde. Ich habe dazu ein Präsent für Sie. Wann kann ich es Ihnen überbringen?

Kunde: Oh, was ist es denn?

Berater: Sie haben Anspruch auf Geld vom Staat, das er Ihnen bisher vorenthält. Wollen Sie es haben?

Kunde: Na klar, was ist zu tun?

Berater: Wir treffen uns einfach. Haben Sie nächste Woche einen Lieblingstag?

Kunde: Ja Mittwoch.

Berater: Gut, dann nehmen wir den.

12.

Berater: Haben Sie in der letzten Zeit auch so oft an mich gedacht, wie ich an Sie?

Kunde: Nein.

Berater: Es gibt viele gewinnbringende Neuigkeiten für Sie. Wann können Sie in der nächsten Woche gar nicht?

Kunde: Mittwoch.

Berater: Gut, dann nehmen wir den Donnerstag.

13.

Berater: Wussten Sie eigentlich, dass ein Goldkauf Ihren Ertrag vervielfacht hätte?

Kunde: Nein, wusste ich nicht.

Berater: Da Sie auf mich gesetzt haben, sind für Sie goldene Zeiten vorprogrammiert. Wann kann ich Ihnen ihre Gewinnmöglichkeiten erläutern?

Kunde: Mittwoch wäre gut.

14.

Berater: Ist Ihnen bewusst, dass der Verpackungsinhalt für manche Finanzprodukte um 30% geringer wird? Wann geben Sie die Bestellung der Großpackung zum kleinen Preis auf?

Kunde: Hm? Glaube ich nicht.

Berater: Und wenn es stimmt?

Kunde: Dann nehme ich es natürlich wahr.

15.

Berater: Fahren Sie absichtlich mit 30% weniger Luft im Reifen?

Kunde: Nein, natürlich nicht.

Berater: Wann machen Sie Ihren Termin zur ALÜ (Allgemeine-Luft-Überprüfung), damit Sie Ihren Finanzluftdruck überprüfen können.

Kunde: Hm?

Berater: Naja, wenn Sie zu wenig Luft im Reifen haben, geht er kaputt. Beim Geld ist es dasselbe. Wenn Sie da zu wenig bekommen, geht Ihre Vorsorge fürs Alter kaputt. Wollen Sie das?
Kunde: Natürlich nicht.
Berater: Gut, wann treffen wir uns?

16.
Berater: Wären Sie Ihrem Kumpel böse, wenn er Ihnen sagen würde, dass es beim Media Markt am Montag alles zum 1/2 Preis gibt?
Kunde: Natürlich nicht!
Berater: Ihr Freund ... hat mich gebeten, Sie zu informieren, dass Sie bei mir nicht erst bis Montag warten müssen. Ihr Freund hat meine Beratung, wie er seine Kosten senken kann, voll ausgenutzt. Möchten Sie das auch?
Kunde: Klar, logisch.

17.
Berater: Ihr Freund hat mich gebeten, Ihnen Bescheid zu geben, dass es morgen beim Lidl alles zum halben Preis gibt. Nein, war ein Scherz. Wenn Sie jedoch Ihr Haushaltsgeld verdoppeln, ist dies der gleiche Effekt. Möchten Sie Ihr Einkaufs-Portemonnaie vergrößern?
Kunde: Klar, alles andere wäre ja blöd.

18.
Berater: Haben Sie bisher bewusst auf Zuschüsse aus dem 1 Mrd. Euro Topf vom Staat vorsätzlich verzichtet
Kunde: Nein.?
Berater: Wann haben Sie in der nächsten Woche Zeit, damit Sie Ihren Anteil selbst beantragen können?
Kunde: Mittwoch wäre gut.

19.

Berater: Akzeptieren Sie wissentlich die stetige Minimierung Ihrer gesetzlichen Rente?

Kunde: Nein, selbstredend nicht.

Berater: Meine Kunden haben nach einem Update ihre persönliche Vorsorge stark optimiert. Möchten Sie das auch?

Kunde: Klar, wer nicht?

20.

Berater: Haben Sie mich bewusst schon länger nicht mehr zu Kaffee und Kuchen eingeladen?

Kunde: Nein Herr/Frau...

Berater: Dann schlagen Sie einen Termin vor, es gibt viele Neuigkeiten für Sie.

21.

Berater: Unterstützen Sie wissentlich die staatliche Abzocke?

Kunde: Nein, das mache ich nicht.

Berater: Gut. Sind Sie der Meinung, dass Sie dies stoppen sollten?

Kunde: Ja klar.

Berater: Gut, dann treffen wir uns am besten nächste Woche. Wann geht es denn bei Ihnen gar nicht?

22.

Berater: Kennen Sie bei Reisebuchungen den Frühbucherrabatt? Sie sparen viel Geld, wenn Sie Ihre Reise früh genug buchen.

Kunde: Na klar kenne ich das.

Berater: Da es in Kürze in manchen Bereichen der Finanzen zu Kostenerhöhungen kommen wird, möchten Sie den Frühbucherrabatt derzeit auch da noch nutzen?

Kunde: Klar, wenn es geht.

Berater: Möchten Sie ein paar hundert Euro wirklich einsparen oder dazu bekommen?

Kunde: Ja, das will ich natürlich.

23.

Berater: Wenn Sie wüssten, dass im nächsten Jahr die MwSt. um 25% ansteigt und größere Anschaffungen anstehen, wann würden Sie diese dann tätigen?

Kunde: Na dann in diesem Jahr noch.

Berater: Ok. Dann treffen wir uns am besten noch nächste Woche, um zu prüfen, was teurer wird und wo Sie sparen können, ok?

Kunde: Klar, das machen wir.

24.

Berater: Wenn bei der Sicherheit Ihres Autos ein elementares Teil fehlen würde, wären Sie dann böse, wenn Sie jemand darauf ansprechen würde?

Kunde: Nein, natürlich nicht.

Berater: Was ein Glück, mit Ihrem Auto ist alles in Ordnung, aber bei Ihrer Altersabsicherung gibt es noch Handlungsbedarf. Möchten Sie diese auch auf den neuesten Sicherheitsstandard bringen?

Kunde: Klar, wenn es geht!

25.

Berater: Was würden Sie davon halten, wenn Sie für einen guten Tipp, den Sie jemandem geben, ...,- € erhalten würden. Sehen Sie, bei uns gibt's nicht nur ...,- €, sondern bis zu ...,- €. Möchten Sie wissen, wie dies geht?

Kunde: Klar, her mit den Informationen.

26.

Berater: Kennen Sie eigentlich den genauen Unterschied zwischen Zielen und Wünschen bei Menschen?

Kunde: Hm, nein.

Berater: Möchten Sie den Unterschied und Ihre Vorteile auf der Grundlage Ihrer eigenen Ziele kennen lernen?

Kunde: Klar, alles andere wäre unklug.

27.
Berater: Nehmen Sie wissentlich die Entwertung Ihres Geldes in Kauf?
Kunde: Nein.
Berater: Zurzeit informiere ich meine Kunden, wie sie optimal durch die Finanzkrisen kommen. Möchten auch Sie mögliche Verluste abwenden?
Kunde: Klar, das machen wir.

28.
Berater: Wussten Sie schon, dass nur jeder 10. Bürger einen Teil der Zuschüsse, die der Staat bereitstellt, abholt?
Kunde: Nein, das wusste ich nicht.
Berater: Lassen Sie Ihre auch bewusst stehen?
Kunde: Scheinbar?
Berater: Das bedeutet, wenn Sie wissen, wie Sie Ihr Geld bekommen und beantragen können, würden Sie es tun?
Kunde: Na klar!
Berater: Wann haben Sie nächste Woche gar keine Zeit?
Kunde: Mittwoch.
Berater: Gut, dann nehmen wir Donnerstag

29.
Berater: Um finanzielle Entscheidungen zu treffen, nutzen Sie da zur Entscheidungsfindung Informationen aus Google, oder nutzen Sie lieber Fachinformationen?
Kunde: Ich entscheide nach Fachinformationen.
Berater: Macht Sinn. Und genau diese Informationen, die Sie benötigen, bekommen Sie im gemeinsamen Gespräch. Haben Sie nächste Woche einen Lieblingstag dafür?
Kunde: Mittwoch.
Berater: Klasse, ist auch meiner.

30.

Berater: Durch die kommende Gesetzesänderung (Finanzkrise) habe ich zurzeit sehr viel zu tun, die nächste Woche habe ich mir jedoch extra für meine Bestandskundenbetreuung eingeplant. Wann können Sie denn die nächste Woche gar nicht?

Kunde: Mittwoch.

Berater: Gut, dann treffen wir uns Donnerstag.

31.

Berater: Sie wissen ja sicherlich, dass man mit seinen Computerprogrammen regelmäßig ein Update fahren muss, richtig?

Kunde: Klar, weiß doch jeder.

Berater: Wann haben Sie das letzte Mal ein Update Ihrer Finanzen gemacht?

Kunde: Noch nie?

Berater: Gut, dann treffen wir uns nächste Woche und ich bringe die notwendige Software mit, ok?

Kunde: Klasse.

32.

Berater: Haben Sie gewusst, dass Sie das aktuelle Update für Ihr Finanz-Navi nicht aufgespielt haben?

Kunde: Nein.

Berater: Möchten Sie dies schnell nachholen, es gibt viele neue Routen, mit denen Sie schneller und gewinnbringender an Ihr finanzielles Ziel kommen.

Kunde: Klar, macht Sinn.

33.

Berater: Darf ich mich kurz vorstellen, ich bin *Vorwerk*-Angestellter, aber für Finanzen. Ich entferne die unnötigen Kosten aus Ihren Finanzen. Wollen Sie dies?

Kunde: Klar, macht Sinn.

124

126

34.
Berater: Kennen Sie Flatrates fürs Telefonieren?
Kunde: Flatrates? Ja.
Berater: Möchten Sie die Flatrates für Finanzen kennenlernen? Dabei erhalten Sie die gleichen Leistungen zum günstigeren Preis.
Kunde: Was, das gibt es? Klar.

35.
Berater: Kennen Sie *Weight Watchers*?
Kunde: Klar kenne ich die Weight Watchers.
Berater: Ich bin der „Weight Watcher Coach" für Finanzen. Sie werden bei Ihrem persönlichen Gespräch selbst erkennen, wie Ihre Kosten abnehmen. Würden Sie gern selbst erkennen, wie das geht?
Kunde: Sehr gern.

36.
Berater: Sagen Sie, ist es die Verpackung, die Sie kaufen, oder eher der Inhalt, der Sie interessiert?
Kunde: Natürlich der Inhalt.
Berater: Klasse, dann würde ich Ihnen gerne die Inhalte näher bringen, die dazu führen, dass Sie selbst erkennen, wie Sie sich Gelder vom Staat holen können, die Ihnen zustehen, ok?
Kunde: Ok, das machen wir so.

37.
Berater: Haben Sie auch gehört, die Banken haben wieder Geld bekommen?
Kunde: Ja, das habe ich gelesen.
Berater: Frage: Wie viel Geld haben Sie davon abbekommen und möchten Sie Ihren Anteil einfordern?
Kunde: Logisch.

126

38.

Berater: Wenn Sie die Kühlschranktür zumachen, sind Sie sich dann sicher, dass das Licht im Kühlschrank aus ist?

Kunde: Glaube schon.

Berater: Sie glauben schon. Aber Glauben ist nicht Wissen. Ich gebe Ihnen die Gewissheit, dass das Licht auch wirklich aus ist. Möchten Sie in Ihrer finanziellen Absicherung auch Gewissheit?

Kunde: Mit Sicherheit.

39.

Berater: Nehmen Sie bewusst in Kauf, dass Andere ihre Zuschüsse nutzen und Sie nicht?

Kunde: Wie Zuschüsse?

Berater: Wenn Sie in einer Stunde erfahren würden, wie Sie möglicherweise 100,- € mehr mtl. zur Verfügung hätten, würden Sie sich die Zeit dafür nehmen?

Kunde: Klar, alles andere wäre ja blöd. Aber das glaube ich nicht.

Berater: Und wenn es stimmt?

Kunde: Dann ja.

40.

Berater: Ärgern Sie sich auch einmal im Monat, wenn Sie Ihre Gehaltsabrechnung erhalten und Sie die Differenz zwischen Brutto und Netto sehen?

Kunde: Klar, das ist immer ärgerlich.

Berater: Würden Sie sich Zeit für sich nehmen, wenn Sie Ihr Netto, den Betrag unten rechts, größer machen könnten?

Kunde: Immer.

Berater: Würden Sie dann auch eine Entscheidung treffen können, wenn Sie selbst bemerken: Sie können es sich leisten, es passt zu Ihnen und es ist notwendig?

Kunde: Na klar!

Berater: Gut, dann machen wir es so, wie Sie es wollen.

KARSTEN BROCKE: Sie merken *Mario*, im Gespräch und selbst am Telefon funktioniert die Beeinflussung, die positive Beeinflussung. Und es ist Null Manipulation.
Es ist etwas, was dafür sorgt, dass die Kunden selbst entscheiden, weil Sie selber denken und so in Balance kommen.

MARIO SCHMIDT: Absolut verständlich!

KARSTEN BROCKE: Ach ja – und N I E „Dagegen-Fragen", nutzen, sondern I M M E R „Dafür-Fragen" stellen.

MARIO SCHMIDT: Logisch, ist ja auch viel positiver und hat mich schon wieder A K T I V I E R T!

MARIO SCHMIDT: Also umdenken macht Sinn, *Karsten.*

KARSTEN BROCKE: Genau.
Das können Sie Zuhause gern probieren, liebe Zuhörer, wenn Sie also sagen: *„Mensch Schatz, was spricht aus Deiner Sicht dafür, dass wir ein schönes Wochenende haben?"*, dann wird wohl möglicherweise Ihr Mann oder Ihre Frau sagen: *„ Ja, alles"*, und jetzt können Sie eigentlich machen, was Sie wollen. Wenn Sie fragen würden: *„Was spricht dagegen, am Wochenende wegzufahren?"*, könnte es sein, Sie müssen den Keller aufräumen.

Also, fragen Sie einfach mal nach „Dafür" und nicht immer nach „Dagegen", ok?

MARIO SCHMIDT: Ok! Soweit verstanden. Das ist eine unmittelbare Beeinflussung, also dem Kunden geht es besser und er ist viel offener im Gespräch, seine Balance ist hergestellt und er fühlt sich gut und ist entstresst.

KARSTEN BROCKE: Genau das ist die Idee hinter dem FAIRkaufsBROCKEn®. Wenn es dem Kunden GUT geht und er sich wohl fühlt, sind Entscheidungsprozesse eben nicht harte Arbeit, sondern sogar ein Vergnügen.

MARIO SCHMIDT: *Karsten*, Sie nutzen in Ihren Vorträgen gern die Kundenansprache „Haben Sie einen Augenblick Zeit für
s i c h?" Geht das in dieselbe Richtung?

KARSTEN BROCKE: Genau so ist es. Für sich selbst hat doch jeder Zeit. *"Also Mario, haben Sie Zeit für sich"*?

MARIO SCHMIDT: *"Die habe ich"*.

KARSTEN BROCKE: *"Würden Sie Zeit in sich selbst investieren"?*

MARIO SCHMIDT: *"Jederzeit."*

KARSTEN BROCKE: *"Würden Sie auch Geld in sich selbst investieren?"*

MARIO SCHMIDT: *"Ja!"*

KARSTEN BROCKE: *"Würden Sie auch eine Absicherung für sich selbst nutzen, wenn Sie merken, dass sich das lohnt?"*

MARIO SCHMIDT: *"Das wäre eines meiner Ziele."*

KARSTEN BROCKE: Das ist die Beeinflussung in der SIE-Kommunikation. Also, die neurowissenschaftliche Emotionsforschung hat bewiesen, dass die Vormacht der Emotionen und die Struktur der Emotionssysteme jedes Handeln, jede Entscheidung und auch das Bewusstsein stark beeinflusst. Wenn ich also positiv mit Ihnen kommuniziere, geht es Ihnen gut.

Stellen Sie sich bitte mal ein Bild vor. Eine Frau steht, sagen wir mal, mit drei bunten Tüten vor einem Geschäft. Sie lacht, sie erfreut sich an den Kleidern und Schuhen, die sie gekauft hat. Sie ist stolz und glücklich. Sie sehen dieses Bild?

MARIO SCHMIDT: Ja.

KARSTEN BROCKE: Gut, jetzt gibt es ein anderes Bild.
Stellen Sie sich vor, eine Frau im Supermarkt. Die ernst, sehr kritisch, die Zutaten eines Produktes prüft, also in der Hand hat und liest, die Preise vergleicht und sehr ernst wirkt.

In beiden Fällen gab es einen Kaufprozess. Der eine war positiv und hat Spaß gemacht und der andere eben nicht.

Emotionen kommen eben immer vor Kognition!

Mit dem FAIRkaufsBROCKEn® entsteht also ein Gefühl beim Kunden, das positiv ist. Er fühlt sich ernst genommen. Freude, Neugier, Lust auf Entscheidungen und Klarheit im Denken entstehen. Der Kunde ist einfach gut drauf.

"Der Motor der Vernunft ist die Emotion" sagte dazu der oben schon zitierte Marketingberater und Fachmann für Neuromarketing, *Arndt Traindl,* und bezog sich auf den brillanten Neurowissenschaftler *Antonio Damásio* – und Recht hat er.

Man kann so – oder so einkaufen. WIR sind die Entscheider was im Kopf des Menschen passiert. Bringen SIE den Menschen in Balance und er kauft gern.

Positiv   Negativ

Bitte erarbeiten Sie sich nun I H R E eigenen innovativen
Kundenaktivierungsfragen.

Raum für A K T I V I E R U N G F R A G E N

Raum für A K T I V I E R U N G F R A G E N

Das Gehirn kauft Bilder

MARIO SCHMIDT: Ok. „*Der Motor der Vernunft ist die Emotion*" sagte also der Marketingberater *Arndt Traindl* und weil diese Erkenntnis so wichtig ist, möchte ich mit Ihnen, *Karsten,* noch über das Phänomen der Nutzenargumentation im Kaufprozess sprechen. Alle reden ja davon, dass nur NUTZEN gekauft wird. Bei meinen Recherchen habe ich aber feststellen müssen, dass nur wenige Verkäufer wissen, was das eigentlich ist.

Haben Sie dieselben Erfahrungen gemacht, *Karsten Brocke*?

KARSTEN BROCKE: Ja *Mario*, das habe ich. Und mehr noch. Vielen Verkäufern kann man daraus keinen Vorwurf machen, denn sie haben es ja nie gelernt, wie Nutzen wirklich funktioniert. Ich erkläre, was wirklicher Nutzen ist, anhand einer kleinen Geschichte.

Die Geschichte vom Seifenverkäufer

„Ich hatte das Vergnügen, auf einer Party einen sehr erfolgreichen Seifenverkäufer zu treffen. Seinen Bemühungen war es zu verdanken, dass die Produkte seines Konzerns einen gleich bleibenden hohen Absatz fanden. Natürlich fragte ich ihn, wie er es schaffte, soviel Seife zu verkaufen.

Er antwortete mit:

„Seife – was ist das? Meinen Sie etwa jenen unvergleichlichen Artikel, der einer Hausfrau so viel Arbeit erspart? Der die Krönung aller Haushaltsreinigungsmittel darstellt? Der Wäsche so süß duften lässt und selbst die ölverschmutzte Hand eines Automechanikers sofort reinigt?"

"Der Bakterien, Keime und Schmutz verschwinden lässt und der das Esstisch-Tuch in blütenweißer Pracht erstrahlen lässt? Diese wunderbare Erfindung nennen Sie Seife? Was für ein nichts sagender, alltäglicher Name für eine solch herrliche und einmalige Einrichtung!"

Dieser Seifenverkäufer gab mir zu denken.
Wenn ich ein erfolgreicher **Finanzberater** wäre und jemand würde mich fragen, wie ich es schaffe, so viele Absicherungen und Geldanlagen zu verkaufen, so würde ich ab jetzt antworten:

"Absicherung...? Geldanlagen...? Was ist das? Meinen Sie etwa die Einrichtungen, die jemandem so viel garantieren - für so wenig? Die einer Witwe das unantastbare Recht auf ihr Heim geben? Die finanzielle Unabhängigkeit gewähren? Die Ihr Vermögen sichern, bevor Sie es angespart haben und die so viel Unglück lindern und Tränen trocknen? Die so viele Probleme lösen und so viel Sicherheit ausstrahlen? Die Ihnen helfen, Einkommensteuer zu sparen und Millionen Menschen die Wohlfahrt gewährleisten? Bezeichnen Sie diese genialen und unvergleichlichen Möglichkeiten als 'Absicherung und Geldanlage'? Was für ein nichts sagender, alltäglicher Name für solch herrliche und einmalige Erfindungen!"

MARIO SCHMIDT: Also hat eine echte Nutzenargumentation immer mit Emotionen zu tun?

KARSTEN BROCKE: Genau! Und nicht nur das! Es sind drei Elemente, die einen Kaufprozess in uns erst ermöglichen.

MARIO SCHMIDT: Was meinen Sie da genau?

Die drei notwendigen Elemente zum Kaufprozess

KARSTEN BROCKE: Ein Produkt, eine Dienstleistung oder eine Strategie, also alles, was es auf diesem Planeten gibt, verbirgt im Prinzip drei Elemente in sich. Ein Merkmal, einen Vorteil und einen Nutzen.

- *Merkmal*
- *Vorteil*
- *Nutzen*

MARIO SCHMIDT: Und was ist nun was?

KARSTEN BROCKE: Ein Merkmal ist immer eine Beschreibung. Also ich mache mal ein Beispiel. Das ist ein Stift, ok?

MARIO SCHMIDT: Ja.

KARSTEN BROCKE: Also, ein schwarzer Stift.

MARIO SCHMIDT: Ja.

KARSTEN BROCKE: Das war eine Beschreibung. Wie viele Emotionen sind jetzt bei Ihnen entstanden?

MARIO SCHMIDT: Na, keine.

KARSTEN BROCKE: Das hätte mich auch gewundert!
Nun zum Vorteil. Ein Vorteil ist ein Fakt dieses Stiftes. Also dieser Stift schreibt zum Beispiel sehr dünn, ok?

MARIO SCHMIDT: Ja, festgestellt, aber es regt sich bei mir immer noch nichts – kein Gefühl.

KARSTEN BROCKE: Nicht wirklich. Und dieser Stift: sehr dick, ist für einen Flipchart.

MARIO SCHMIDT: Ja logisch.

KARSTEN BROCKE: Also, Sie bemerken schon, auch ein Vorteil bringt in Ihnen kaum Gefühle in Gang. Fakten und Vorteile brauchen Sie aber, um Neu-GIER zu erzeugen, ok?

MARIO SCHMIDT: Ja!

KARSTEN BROCKE: Aber sie werden nicht gekauft. Und da viele „Verkäufer" viel von Vorteilen und Merkmalen reden, sagen Kunden oft: „Ich muss mir das überlegen", Ich muss darüber schlafen", Ich brauche noch Zeit" und so weiter.

Kommen wir nun zu echtem Nutzen. Nutzen ist ein emotional besetzter Vorteil.

Nochmals: NUTZEN ist ein emotional besetzter Vorteil.

Das heißt, wenn ich einen Vorteil kenne, kann ich daraus eine Nutzenargumentation ableiten.

MARIO SCHMIDT: Emotional besetzter Vorteil, klingt spannend. Was ist das?

KARSTEN BROCKE: Ein Nutzen ist immer entweder ein Bild oder eine Geschichte, die im Gehirn des Gesprächspartners Gefühle hervorruft. Wenn ich heute positiv besetzte Bilder für die Zukunft bilden kann, kann ich auch kaufen.

Also ein Mensch „kauft" positiv besetzte Bilder in der Zukunft. Jeder Mensch!

Machen wir mal das Beispiel mit dem Stift. Dieser Stift ist also schwarz.

MARIO SCHMIDT: So ist es!

KARSTEN BROCKE: Dieser Stift schreibt sehr dick.

MARIO SCHMIDT: Das macht er!

KARSTEN BROCKE: Der Nutzen für Sie ist, dass die Zuhörer, die im Saal sitzen, von weit hinten lesen können, was Sie geschrieben haben. Und das macht Sinn.

MARIO SCHMIDT: Hmm.

KARSTEN BROCKE: „...*von weit hinten lesen können*" - das ist das Bild.

Ein Redner braucht ja einen dicken Stift, um zu schreiben, damit die Zuhörer auch von Weitem alles lesen können. Dieses „Bild" hat ein Redner im Kopf und deshalb kauft er eben genau diesen Stift. Also wenn Sie heute positiv besetzte Bilder in oder für die Zukunft bilden können, dann können Sie kaufen.

MARIO SCHMIDT: Hmm, geben Sie mir und den Zuhörern doch bitte noch mehr Beispiele.

140

Raum für Ihre Bemerkungen, Ausarbeitungen und Notizen

Nutzenbeispiele aus der Praxis für die Praxis (Teil 1)

KARSTEN BROCKE: Nehmen wir mal an, wir reden mit Ihnen über Altersvorsorge.

MARIO SCHMIDT: Das können wir.

KARSTEN BROCKE: "*Sagen Sie Mario, möchten Sie später, wenn Sie viel Zeit, also Freizeit haben, im Rentenalter, möchten Sie, wenn Sie auf der AIDA schippern, eher Innen- oder Außenkabine*"?

MARIO SCHMIDT: Eher Außenkabine.

KARSTEN BROCKE: "*OK, dann muss ich Ihnen sagen, im Moment fahren Sie leider überhaupt noch nicht mit!*"

MARIO SCHMIDT: Und warum nicht?

KARSTEN BROCKE: "*Im Moment rudern Sie noch! Ihnen fehlen die finanziellen Mittel, um mitzufahren. Wollen Sie in der Außenkabine mitfahren?*" ...

MARIO SCHMIDT: Klar will ich das...

Also ich habe gerade ein Bild in Ihnen erzeugt. Sie sagen: "*Ich will in die Außenkabine*". Das ist ein Nutzenargument. Sie wollen da ja jetzt auch selber hin!

Weiteres Beispiel: "*Ich habe gesehen, Mario, Sie haben eine Brille. Putzen Sie diese regelmäßig?*"

MARIO SCHMIDT: Immer wieder, ich brauche ja einen Durchblick.

KARSTEN BROCKE: "*OK, genauso ist es bei Ihren Finanzen. Wenn Sie da auch mehr Durchblick hätten, wäre das aus Ihrer Sicht gut?*"

MARIO SCHMIDT: Das wäre wunderbar.

KARSTEN BROCKE: "*Genau, und das Gespräch heute ist im Prinzip wie ein Putztuch. Wir schauen mal, was möglich ist, damit Sie einen besseren Durchblick haben, ok?*"

MARIO SCHMIDT: Ok, das war wieder ein Bild in der Zukunft.

KARSTEN BROCKE: Nehmen wir ein anderes und weiteres Beispiel. "*Sagen Sie, Mario, im Hotel gibt es Fahrstühle, um schneller nach oben zu kommen*".

MARIO SCHMIDT: Naja, so ist es!

KARSTEN BROCKE: "*Genau. Wenn Sie zwei Fahrstühle nebeneinander haben und einer hat einen Notknopf und einer nicht. Welchen würden Sie nehmen?*"

MARIO SCHMIDT: Natürlich den mit dem Notknopf!

KARSTEN BROCKE: "*Ach so - Sicherheit ist Ihnen wichtig*"?

MARIO SCHMIDT: Unbedingt!

KARSTEN BROCKE: Sie merken, auch hier Bilder, Bilder, Bilder. Nehmen wir noch eins. "*Mario, haben Sie ein Navigationssystem*?"

MARIO SCHMIDT: Eingebaut, in meinem Auto.

KARSTEN BROCKE: "*Ok, wie funktioniert das*"?

MARIO SCHMIDT: Einfach anmachen und dann ist es da.

KARSTEN BROCKE: *"Genau, das Navi sucht als erstes Ihren Standpunkt, korrekt"*?

MARIO SCHMIDT: Hmm, korrekt.

KARSTEN BROCKE: *"Dann geben Sie das Ziel ein."*

MARIO SCHMIDT: Ja!

KARSTEN BROCKE: *"Dann berechnet das Navigations-system, wo das Ziel ist und welchen Weg Sie fahren müssen, richtig?"*

MARIO SCHMIDT: So sieht es aus!

KARSTEN BROCKE: *"Wenn unterwegs Stau oder auch mal andere Störungen sind, rechnet das Navi um und gibt Ihnen immer einen neuen Weg, richtig?"*

MARIO SCHMIDT: Das stimmt. Die neuen Wege werden berechnet.

KARSTEN BROCKE: *"Genau! Das heißt, wenn Sie sich jetzt an den Weg halten, kommen Sie dann an Ihr Ziel?"*

MARIO SCHMIDT: Ja logisch.

KARSTEN BROCKE: *"Dann lassen Sie uns heute genau darüber reden, wie Sie Ihre Ziele erreichen."*

MARIO SCHMIDT: Wunderbar, das machen wir.

KARSTEN BROCKE: Ok! Mario, wenn Sie sich ein Auto kaufen, um noch ein weiteres Beispiel zu nennen, dann sitzen Sie im Autohaus und Ihnen gefällt das neue Fahrzeug, das Sie sehen und Sie müssen es ja irgendwie bestellen, richtig?

MARIO SCHMIDT: So ist es!

KARSTEN BROCKE: Also Sie füllen einen Kaufvertrag aus in dem Auto und bekommen es meist Wochen später geliefert.

MARIO SCHMIDT: Na klar. So ist der Werdegang.

KARSTEN BROCKE: Genau. Sie haben jetzt das Gefühl in der Zukunft gekauft, wie es wäre, in diesem Auto zu sitzen, wenn es Ihnen gehört. Richtig?

MARIO SCHMIDT: Ja.

KARSTEN BROCKE: Sehen Sie? Bilder in der Zukunft.

MARIO SCHMIDT: Noch ein Beispiel?

KARSTEN BROCKE: Sie sind ja eine sehr gepflegte Persönlichkeit.

MARIO SCHMIDT: So ist es!

KARSTEN BROCKE: Also wenn Sie in den Friseurladen gehen, warum gehen Sie da rein?
MARIO SCHMIDT: Um einen tollen Haarschnitt zu bekommen.

KARSTEN BROCKE: Genau. Sie gehen rein mit dem Bild, wie es wäre, wenn Sie rauskommen. Sie wollen nämlich besser aussehen! Richtig?

MARIO SCHMIDT: Richtig.

KARSTEN BROCKE: Der Knackpunkt ist bei der Nutzenargumentation, dass Sie immer Bilder brauchen, die in der Zukunft in Ihrem Kopf stattfinden. Immer!

Letztes Beispiel. "*Waren Sie letztes Jahr im Urlaub?*"

MARIO SCHMIDT: Das war ich.

KARSTEN BROCKE: "*Wann sind Sie gefahren?*"

MARIO SCHMIDT: Im Januar.

KARSTEN BROCKE: "W*ann haben Sie denn die Reise gebucht?*"

MARIO SCHMIDT: Schon im Herbst im Jahr davor.

KARSTEN BROCKE: "*Aha, wann haben Sie die Reise bezahlt oder angezahlt?*"

MARIO SCHMIDT: Gleich nachdem ich dort gebucht habe, auch im Jahr davor.

KARSTEN BROCKE: "*Sind Sie gefahren?*

MARIO SCHMIDT: Ja sicher bin ich gefahren.

KARSTEN BROCKE: Merken Sie, was passiert ist? Sie haben im Reisebüro Bilder gesehen, wie es wäre, wenn Sie im kommenden Jahr im Urlaub wären. Sie haben sogar vorher bezahlt, obwohl Sie gar nicht wussten, ob es im Endeffekt so aussieht. Übrigens, sah es so aus?

MARIO SCHMIDT: Es sah so aus! Es war wunderbar.

KARSTEN BROCKE: Dann ist Ihre Erwartungshaltung erfüllt worden und Sie konnten sich gut erholen. Gekauft haben Sie die Reise mit der Vorstellung, wie es wäre, da zu sein. Das ist echte Nutzenargumentation. So funktioniert sie.

MARIO SCHMIDT: Tolle Beispiele! Das bedeutet, ein Mensch braucht wirklich Bilder oder eine positive Vorstellung, die ihm emotional positiv aufgeladen wurde. Dann kauft er?

KARSTEN BROCKE: Genau, so funktioniert eine echte Nutzenargumentation, genau so!

Deshalb macht es Sinn, dass jeder Verkäufer schaut, oder jeder Berater schaut, was er für Merkmale und Vorteile vermarkten möchte.

Also jeder in einem Unternehmen, der etwas vermarkten will, das kann auch eine Idee an den Chef sein, muss sich vorher überlegen, welche Bilder kann ich beim Anderen schaffen oder erzeugen, damit der Andere überhaupt kaufen kann.

Auch hier gilt wieder: keine Bilder, keine Emotionen - kein Erfolg.

Beispiele einer echten Nutzendarstellung (Teil 2)

Beispiele aus der Finanzdienstleistung

1.
Haben Sie im Auto eine Benzinanzeige? Ja! *Was tun Sie, wenn diese gegen 0 geht?* Tanken! *Warum?* Damit ich nicht mitten im Wald liegen bleibe... *Und, warum riskieren Sie bei Ihrer Altersvorsorge, auf der Strecke zu bleiben...*

2.
Sie haben eine Brille... Putzen Sie diese regelmäßig? Ja! *Warum?* Ich habe sonst keinen Durchblick! *Genauso ist es bei Ihren Finanzen – was sollten Sie also tun?* Putzen! *Genau – wir haben das Putztuch!*

3.
Haben Sie lieber schmutzige oder saubere Fenster? Saubere! *Warum?* Weil ich dann gut durchsehen kann! *Bei Ihren Finanzen haben Sie zurzeit eine Folie bzw. eine Jalousie davor. Also überhaupt keinen Durchblick. Soll das so bleiben?* Nein! *Was sollten Sie jetzt nun tun?* Fenster putzen natürlich.

4.
Gehen Sie im Sommer zu Fuß in den Biergarten oder fahren Sie mit dem Auto? Zu Fuß! *Wieso?* Damit ich nicht betrunken mit dem Auto zurückfahre! *Was passiert, wenn Sie etwas getrunken haben und Auto fahren?* Ich komme ins Schlingern! *Sehen Sie – und genau das passiert gerade mit Ihren Finanzen! Deshalb werden wir heute im nüchternen Zustand alles bereden. Danach können Sie die höheren Renditen Im Biergarten feiern.*

5.

Haben Sie eine Dunstabzugshaube? Ja! *Benutzen Sie diese beim Kochen?* Ja! *Warum?* Damit der Dunst abzieht und ich nicht im Nebel stehe! *Bei Ihren Finanzen ist es zurzeit ganz schön nebelig... Was sollten Sie also machen? Genau – den Dunstabzug anmachen, damit Sie klar sehen können.*

6.

Ich sehe, Sie haben Orchideen im Fenster – Warum? Weil es schön aussieht! *Was müssen Sie dafür tun, damit sie so schön aussehen?* Pflegen, düngen, gießen... *Machen Sie das regelmäßig?* Ja! *Was würde sonst passieren?* Sie würden eingehen! *Korrekt, genau das geschieht gerade mit Ihrer Vorsorge. Was müssen Sie also tun?* Investieren, damit ich Geld im Alter ernten kann.

7.

Wechseln Sie im Winter von Sommer- auf Winterreifen? Jawohl! *Wieso?* Damit ich nicht ins Rutschen gerate und womöglich vor `nen Baum knalle! *Aha, bei Ihrer BU fahren Sie gerade mit abgefahrenen Sommerreifen über Glatteis. Würden Sie sich in dieser Situation mit Schneeketten nicht am wohlsten fühlen?* Schon! *Was sollten Sie demnach tun?*

8.

Wenn Sie sich ein Bad einlassen und unten läuft ständig die Hälfte des Wasser raus; was würden Sie tun? Einen Stopfen drauf! *Und warum machen Sie das bei Ihrer Altersvorsorge nicht auch – Sie schenken dem Staat ständig die Hälfte! Was sollten Sie nun als erstes tun?* Es ändern.

9.

Mussten Sie an einer Kreuzung mit Ampelanlage schon mal bei Rot anhalten? Ja! *Was passiert, wenn diese Anlage ausfällt?* Es gibt Chaos und wird gefährlich! *Macht es Sinn diese Angelegenheit so zu regeln, dass auch beim Ausfallen der Ampel alles geregelt abläuft?* Ja klar. *Wenn Sie mit mir zusammen arbeiten, haben Sie immer eine grüne Welle!*

10.

Haben Sie schon mal vergessen, einen Teebeutel aus der Tasse zu nehmen? Ja! *Was geschieht dann mit dem Tee?* Der wird bitter! *Genauso sieht es zurzeit bei Ihren Finanzen aus – BITTER! Den Tee könnten Sie retten indem Sie ein bisschen Honig rein machen. Würden Sie dies auch bei Ihren Finanzen tun?* Auch die Rendite versüßen? Ja klar.

11.

Im Hotel gibt es Fahrstühle, um schneller nach oben zu kommen, oder? Ja! *Wenn es 2 Fahrstühle gäbe – einen mit Notknopf, der Sie im Falle, dass ein Seil reißt, rettet und einen ohne – welchen würden Sie nehmen?* Den mit Notknopf! *Das heißt, es wäre also sinnvoll, eine Sicherheit zu haben?* Unbedingt! *Genauso ist es Falle der BU bei Ihnen aktuell – Sie knallen voll in den Keller! Was sollten Sie also nun tun?*

12.

Wie oft bringen Sie Ihr Auto zum TÜV? Alle 2 Jahre! *Wieso?* Damit ich weiß, dass alles in Ordnung ist und ich weiterhin sicher fahren kann! *Warum machen Sie dasselbe nicht mit Ihren Finanzen?*

13.
Haben Sie eine Lieblingsband? Ja! *Wo wollen Sie bei einem Konzert Ihrer Band am liebsten stehen?* In der ersten Reihe! *Genau – bei einer Zusammenarbeit mit uns buchen Sie automatisch den besten Platz für Ihre Finanzen! Um Sie herum ist immer ne Menge Platz´, damit Sie die beste Sicht auf Rendite haben!*

14.
Wie oft bekommen Sie ein Update auf den PC? Alle 30 Tage! *Und wieso machen Sie bei Ihren Finanzen nur einmal alle 10 Jahre ein Update? Unsere Dienstleistung umfasst eine lebenslange Betreuung. Wir suchen immer das Aktuellste und Passendste ganz schnell für Sie heraus und Sie entscheiden dann, ob es zu Ihnen passt, Sie es benötigen und Sie es brauchen, ok?* Klasse, so machen wir das.

15.
Welche Generation ist das neueste IPhone? 5er! *Und wieso wählen Sie bei Ihren Finanzen immer noch mit einer Wählscheibe?*

16.
Schauen Sie den Wetterbericht? Ja! *Wieso?* Damit ich weiß, was für Wetter wird und was ich anziehe! *Und warum handeln Sie bei Ihren Finanzen nicht genauso vorausschauend?*

17.
Haben Sie ein Anti-Virenprogramm auf dem PC? Ja! *Warum?* Damit ich mir keinen Virus einfange! *Und warum schützen Sie nicht Ihre Finanzen?*

18.
Stellen Sie sich vor, ein Chefarzt kommt gerade vom Golfplatz und ein Stationsarzt hat seit 48 Std. Schicht. Von welchem dieser beiden Ärzte möchten Sie gerne operiert werden? Von dem, der auf dem Golfplatz war! *Und wie sieht Ihre Absicherung in diesem Bereich zurzeit aus?* Mau... *Was sollten Sie also tun?*

19.
Haben Sie ein Navi? Ja! *Wie funktioniert das?* Einschalten! *Genau - das Navi sucht den Standpunkt, ich gebe das Ziel ein, dieses wird berechnet. Wenn Sie unterwegs auf Störungen treffen, was macht das Navi dann?* Neuen Weg berechnen! *Das heißt, wenn Sie sich immer an den Weg des Navi´s halten, kommen Sie immer an Ihr Ziel?* Ja! *Genauso arbeiten wir!*

20.
Sie haben einen Feuerlöscher – wieso? Damit ich löschen kann, wenn's brennt! *Macht es Sinn, diesen zu kaufen, wenn es bereits brennt?* Nein! *Das heißt, Sie schaffen diesen vorher an?* Ja! *Und wenn Sie dann einen haben, sollten Sie was tun, damit er im „worst case" auch wirklich funktioniert?* Warten lassen! *Meinen Sie, es macht Sinn, bei ihren Finanzen genauso vorzugehen?* Ja – unbedingt!

21.
Wie viele Reifen haben Sie für ihr Auto? 4 Reifen. Nein 5! 4 plus ein Ersatzrad! *Warum haben Sie dieses?* Na, wenn mal ein Reifen kaputt geht, kann ich wechseln und weiterfahren! *Ist dies also eine reine Vorsorgemaßnahme?* Jawohl! *Und wieso sorgen Sie nicht genauso gut für sich selbst? In Ihrem Leben laufen Sie zurzeit ohne Ersatzrad rum... Wenn Ihnen etwas passiert, bleiben Sie also auf der Strecke!*

22.
Fahren Sie gerne Fahrrad? Ja! *Auch mit Ihren Kindern zusammen?* Klar! *Tragen Ihre Kinder dabei einen Helm?* Ja! *Warum?* Zum Schutz! *Und Sie?* Ich nicht! *Das heißt, wenn Sie fallen, knallen Sie ungebremst auf den Boden auf. Genauso sieht Ihre Vorsorge im Falle von Berufsunfähigkeit aus*

23.
Wissen Sie was eine Happy Hour ist? Ja! *Warum gehen Sie dort hin?* Weil ich für einmal zahlen 2 Getränke bekomme! *Wenn Sie künftig bei Ihrer Altersvorsorge immer Happy Hour hätten – fänden Sie das gut?* Logisch! *Und warum nutzen Sie dann diese Möglichkeit noch nicht?*

24.
Sie kochen und essen gern? Sicher! *Wenn Sie Lust auf Ihr Lieblingsgericht haben – wie gehen Sie vor?* Ich schau in den Kühlschrank, was ich habe, notiere, was noch fehlt, gehe einkaufen, fange an zu kochen und genieße danach das Gericht! *Prima. Genauso gehe ich mit Ihren Finanzen vor. Es gibt als Erstes eine Analyse der Situation. Dann eine Beratung auf der Grundlage Ihrer wirklichen Ziele, dann erkennen Sie, was getan werden muss. Zum Schluss können wir dann zusammen kochen, wenn Sie möchten! Was sagen Sie?*

25.
Kennen Sie noch die alten Röhrenfernseher? Ja! *Wieso haben Sie einen LCD-Fernseher heutzutage?* Flacher, besseres Bild, etc. *Was halten Sie davon, Ihre Absicherung auch in die Neuzeit zu bringen?*

26.
Machen Sie gerne Hausarbeit? Nein! *Warum machen Sie sie dann?* Na, weil es sein muss! *Warum?* Damit man sich wohl fühlt! *Ok, wie ist es mit Ihren Finanzen – kümmern Sie sich da gerne darum?* Nein! *Dann stellen Sie sich mal vor, Ihre Finanzen wären Hausarbeit und jemand anderes würde das für Sie erledigen. Würden Sie sich wohlfühlen?* Logisch! *Wissen Sie, wer das für Sie machen kann?* Nein!! *Ich mache das.*

27.
Welches Verkehrsmittel nutzen Sie, wenn Sie schnell von Hamburg nach München müssen? Den Flieger. *Warum?* Weil es damit am schnellsten geht. *Und genauso arbeiten wir. Mit uns kommen Sie einfach schneller an Ihr Ziel. Wollen Sie dies?*

28.
Ist in Ihrem Kühlschrank etwas drin? Ja. *Warum?* Damit ich etwas zu Essen habe, wenn ich Hunger habe. *Genauso funktioniert auch Ihre Vorsorge. Sie sind der Mensch, der dafür sorgen muss, dass Sie im Alter den Kühlschrank gefüllt haben.*

29.
Lesen Sie Bücher? Ja. *Sehen Sie, ich höre Bücher. Wissen Sie warum? Das kann ich im Auto tun, es ist bequemer und ich nutze die Zeit optimal. Genau das können Sie bei Ihrer Finanzplanung auch haben, eben alles bequem aus einer Hand und die unbequemen Dinge werden Ihnen abgenommen. Lust darauf?*

30.
Gibt es in Ihrem Haushalt Blumenvasen? Ja. *Brauchen Sie die täglich?* Nein. *Wozu haben Sie sie dann?* Weil ich Blumen, wenn ich sie geschenkt bekomme, auch schön präsentieren kann. *Und genauso funktioniert das mit der Vorsorge. Für den Fall der Fälle sind Sie abgesichert, vor dem finanziellen Ruin geschützt, wenn Sie es brauchen. Wollen Sie dies?*

31.
Warum fährt die Bahn auf Schienen? Damit sie in der Spur bleibt. *Genau das ist mein Beratungsansatz. Mit meinem Beratungsansatz halten Sie Ihr finanzielles Leben und Ihre Vorsorge in der Spur. Sie können dann die Weichen an der richtigen Stelle stellen, damit Sie auch immer in die richtige Richtung fahren. Macht das Sinn aus Ihrer Sicht?* Ja klar.

32.
Welche Zahnbürste nutzen Sie? Eine elektrische. *Warum?* Damit es schonender ist. *Genauso arbeiten wir. Wir schauen, dass Ihre Finanzen geschont werden und beim Kauf der Zahncreme werden sich noch andere an Ihrem Vermögensaufbau in der Zukunft beteiligen, wäre das ok?*

33.
Hat Ihr Auto einen Sicherheitsgurt? Ja, klar. *Für was ist der Gurt da?* Um mich im Fall eines Unfalls zu schützen. *Genau das macht Ihre notwendige Vorsorge auch. Um im Falle des Falles geschützt zu sein vor dem finanziellen Ruin. Wollen Sie dies?* Ja klar.

34.
Sie haben einen Garten mit Pflanzen? Gießen Sie die auch?
Ja, klar. *Und warum tun Sie das?* Damit sie wachsen und
gedeihen. *Sehen Sie, das machen wir auch, wir sorgen dafür,*
dass Ihre Finanzen auch schneller wachsen und gedeihen.

35.
Haben Sie ein Auto mit Airbag? Ja, sicherlich. *Warum hat Ihr*
Auto einen Airbag? Damit ich im Falle eines Unfalles
geschützt bin. *Finden Sie das gut?* Ja. *Finden Sie es auch gut,*
wenn Ihr Finanzkonzept einen Airbag hat? Sicher. *Das*
bedeutet für Sie, dass Ihre Finanzen dadurch genauso in
Zukunft geschützt sind, wie Sie in Ihrem Auto. Wollen Sie
dies? Klar!

36.
Stellen Sie sich vor, Sie haben ein Auto und es fehlen 2 Räder
an diesem Auto. Was bringt Ihnen das Auto dann noch?
Nichts. *Können Sie mit diesem Auto noch fahren?* Nein. *Wenn*
bei Ihren Finanzen auch etwas fehlt, kommen Sie dann noch
voran? Wäre es aus Ihrer Sicht klug, das zu überprüfen? Ja
klar!

37.
Stellen Sie sich vor, ein Spieler kommt zu seinem Fußballspiel
mit Komplettschutz, Helm, am ganzen Körper so geschützt,
dass er sich kaum noch bewegen kann. Glauben Sie, er kann
dann noch vernünftig spielen? Nein, kaum möglich. *Sehen*
Sie, es kommt darauf an, das richtige Maß an Sicherheit zu
haben, und dafür sorgen wir.

38.
Würden Sie eine Fußballmannschaft mit 11 Stürmern bevorzugen, oder eine Mannschaft mit Torwart, Abwehr, Mittelfeld und Sturm? Hm? Welche Mannschaft ist sicherer aufgestellt? Eine Mannschaft, bei der alle Positionen besetzt sind, finde ich besser. *Sie können nach der Beratung Ihre persönliche Mannschaft aufstellen, bei der alle finanziellen Positionen optimal besetzt sind und bei der Sie das Spiel mit Sicherheit gewinnen werden.*

39.
Was glauben Sie, womit fängt ein Architekt an, ein Haus zu planen, mit dem Fundament oder dem Dach? Natürlich mit dem Fundament. *Das bedeutet für Sie, dass wir heute gemeinsam die Grundsteine legen werden für Sie. Wäre dies aus Ihrer Sicht ok?* Ja klar.

40.
Haben Sie einen Haus- und Hofelektriker? Ja. *Hat er Ihre komplette Elektrik gemacht und betreut Sie immer noch?* Ja. *Und genau das finden Sie auch bei uns. Sie werden heute erkennen, dass sich eine Person um Ihre kompletten Finanzen kümmert, ist das in ihrem Sinne?*

41.
Haben Sie in Ihrem Haus einen Sicherungskasten? Ja, natürlich. *Das heißt, Sie haben für den Fall eines elektrischen Defektes Sicherungen, die dann den Strom abschalten, damit es nicht zu größeren Schäden kommt, oder Ihr Haus sogar abbrennt, richtig?* Ja, genau. *Warum haben Sie für Ihr Haus eine Absicherung, aber nicht für Sie selbst im Alter? Möchten Sie sich jetzt einen solchen Alters-Sicherungskasten einbauen?*

42.

Wo gehen Sie am liebsten Essen? Beim Italiener. *Weil dort das Essen, der Service und der Preis stimmt?* Genau, dort stimmt alles. *Bei Ihrer heutigen Beratung finden Sie auch alles. Sie wählen aus einer Vielzahl an Gerichten, die Sie angeboten bekommen, genau das Produkt, das zu Ihnen passt und das Sie sich leisten können und welches Sinn macht. Ich sorge dann dafür, dass Sie das Gericht auch wirklich nach Ihrem Geschmack serviert bekommen.*

43.

Kennen Sie IKEA? Ja. Da können Sie sich Möbel für alle Wohnbereiche individuell für Ihre Bedürfnisse zusammenstellen und bekommen alles aus einer Hand. *Genau! Und so können Sie für sich mit mir Ihre komplette finanzielle Einrichtung bestimmen.*

44.

Hat Ihr Auto eine Alarmanlage? Ja. *Wofür ist die gut?* Damit nichts geklaut wird. *Genau, und so passen wir zusammen in der Zukunft auf, dass Ihnen kein Geld verloren geht oder geklaut wird. Wäre das ok für Sie?* Ja klar.

45.

Stellen Sie sich vor, Sie haben ein Glas Bier vor sich stehen und der Staat nimmt sich immer den ersten Schluck. Finden Sie das toll? Nein, bestimmt nicht. *Wenn Sie selbst erkennen, wie Sie Ihre Finanzen auf der Grundlage geltender Gesetze sichern, so dass Sie immer das volle Glas auch für sich alleine bekommen - wäre das ok für Sie?* Logisch.

46.
Haben Sie im Schwimmbad schon mal Bademeister gesehen?
Ja. *Der Bademeister sorgt dafür, dass niemand ertrinkt, richtig?* Ja. *Genau so können wir in der Zukunft gemeinsam dafür Sorge tragen, dass Sie in Ihrem Finanzschwimmbad nicht ertrinken und Sie immer einen Rettungsschwimmer neben sich haben.*

47.
Haben Sie schon mal ein Eis in einer Waffel gegessen? Ja, klar. *Ist Ihnen dabei auch schon mal ein Bällchen runtergefallen?* Ja, ist mir schon mal passiert. *Und haben Sie vorher gewusst, dass Ihnen das Bällchen runterfallen wird?* Nein. *Und so ist das mit Ihnen auch: manchmal wird man krank oder berufsunfähig, ohne es vorher zu wissen. Und wenn Sie dann eine Absicherung brauchen, ist es wichtig, dass Sie bereits vorher eine haben. Sehen Sie das auch so?* Logisch!

48.
Draußen scheint die Sonne: mögen Sie es dann auch lieber hell und sonnig in Ihrer Wohnung? Ja, klar. *Warum haben Sie dann bei Ihren Finanzen die Rollläden unten? Wenn Sie selbst erkennen, wie das geht - wollen Sie dann Licht in Ihre Finanzen bringen?*

49.
Kennen Sie Payback-Karten? Ja. *Mit einer Payback-Karte erhalten Sie Rabatte bei bestimmten Unternehmen, nicht wahr?* Ja. *Warum verzichten Sie bei Ihren Finanzen auf eine solche Karte? Wenn Sie bei Absicherungen auch Rabatte bekommen, würden Sie die annehmen?* Ja klar.

50.
Haben Sie schon einmal vor einem Abgrund gestanden und sind bewusst runtergesprungen? Nein, natürlich nicht. Mir ist aufgefallen, dass Sie mit Ihrer Familie bereits am Fliegen sind. Festhalten können wir Sie jetzt nicht mehr, aber einen passenden Fallschirm können wir Ihnen noch besorgen und umlegen. Wollen Sie dies?

51.
Haben Sie schon mal einen Seiltänzer gesehen? In 50 Meter Höhe, mit Stange und Sicherungsseil, können Sie sich das vorstellen? Ja. *Im Moment befinden Sie sich dort oben auf dem Seil, allerdings ohne Sicherung. Durch meine Beratung erhalten Sie die Stange und das Netz. Wollen Sie Sicherheit?* Klar!

52.
Sie haben doch sicherlich ein Handy. Ja habe ich. *Wie lange nutzen Sie Ihr Handy so im Schnitt?* Maximal 2 bis 3 Jahre. *Dann wechseln Sie Ihr Handy, damit Sie immer auf dem neuesten technischen Stand sind, oder?* Ja. *Aber Ihre Vorsorge/Absicherung ist noch auf dem alten Stand, dort wählen Sie noch mit einem „Wählscheiben-Telefon". Macht es aus Ihrer Sicht Sinn, das jetzt auf den aktuellen Stand zu bringen, bis hin zu 'Bluetooth'?* Das macht Sinn.

53.
Gehen Sie regelmäßig zur Vorsorgeuntersuchung? Ja! *Warum eigentlich?* Damit nachgeschaut wird, ob alles in Ordnung ist, und wenn etwas festgestellt wird, damit ich frühzeitig etwas unternehmen kann. *Das heißt, wenn etwas festgestellt würde, würden Sie das Problem angehen und beheben lassen?* Ja klar. *Möchten Sie bei Ihrer Finanz-Vorsorge auch vorab Bescheid wissen?* Gern, klar.

54.
Geben Sie Ihr Auto regelmäßig zur Inspektion? Na klar. Und warum tun Sie das? Na wegen der Sicherheit, damit, wenn Mängel festgestellt werden, diese behoben werden können. Bei Ihrer BU-Inspektion habe ich festgestellt, dass Sie ohne Bremse und Frontscheibe fahren, so dass Ihnen der Scheibenwischer ständig an die Stirn klatscht. Ich habe Ihnen heute Ihre neuen Bremsen und die Frontscheibe mitgebracht. Möchten Sie, dass wir die Teile jetzt einbauen? Macht Sinn.

55.
Supermärkte verschicken ja immer ihre Angebotszettel. Tolle Angebote sollen Sie ja dabei in den Markt locken, damit Sie auch teure Produkte mitnehmen. Kennen Sie das? Ja das kenne ich. *Für Sie bedeutet das, Sie müssen in viele verschiedene Märkte fahren, um alle Angebote zu nutzen. Frage: finden Sie das gut?* Nein. *Deshalb gehen wir für Sie in verschiedenste Supermärkte, die heißen bei uns nur anders - um für Sie die passenden Schnäppchen abzuholen. Wäre das super?* Klasse Idee.

56.
Haben Sie schon mal in einem Restaurant einen Cappuccino bestellt? Ja, klar. *Bestellen Sie sich immer extra den Milchschaum ab?* Nein, natürlich nicht. *Warum hat dann Ihre Altersvorsorge keinen Milchschaum, sondern ist der blanke Kaffee? Möchten Sie, dass Sie den Schaum nachgeladen bekommen?* Na klar! *Mit uns erhalten Sie sogar noch ein Herz aus Schokoladenpulver obendrauf.*

57.

Sie haben sicherlich ein Navi, was geben Sie denn bei Ihrem Navi zuerst ein? Den Standort. *Und dann?* Dann gebe ich das Ziel ein. *Was macht das Navi dann?* Es berechnet die Route. *Und, fahren Sie dann auch nach der berechneten Route?* Ja. *Und warum?* Damit ich auch ankomme. *Richtig! Benötigen Sie das Navigationsgerät, wo Sie sich auskennen?* Nein, natürlich nicht. *Sehen Sie, deshalb gibt es uns. Wir rechnen für Sie die Route auf der Grundlage Ihrer Ziele aus, dann rechnen wir die Baustellen mit ein und führen Sie an Staus vorbei. Und jetzt das Bonbon: wenn sich auf Ihrer Route etwas verändert, zeigt die Beratung sofort eine Ausweichroute und sagt: „Wir haben Ihre Route neu berechnet".* Dies bedeutet für Sie, Sie finden den optimalen Weg für sich. *Würden Sie auch bei Ihrer Finanzplanung so ein Navigationsgerät nutzen?* Na logisch.

Raum für Ihre individuellen Nutzenargumentationen

_____

_____

_____

_____

_____

_____

_____

_____

_____

_____

_____

_____

_____

_____

_____

_____

_____

_____

_____

_____

_____

KARSTEN BROCKE: Wenn Sie nun die echten Nutzen-argumentationen nutzen, dann werden Sie schnell bemerken, dass die Menschen wirklich kaufen. Sie kommen weg vom „Verkauf" und hin zum Kaufprozess. Entscheidend ist: Menschen, Objekte, Produkte, Strategien und auch Marken, die keine Emotionen auslösen, sind für das Gehirn de facto wertlos! Und je mehr oder je stärker die positiven Emotionen sind, die von einem Menschen, einer Strategie, einem Produkt, einer Dienstleistung oder/und einer Marke vermittelt werden, desto wertvoller sind die Produkte und Marken für das Gehirn und desto mehr ist der Konsument auch bereit, Geld dafür auszugeben.

Nicht umsonst hat *Apple* seine Fans zu Jüngern gemacht, die Nachts auf der Straße schlafen, um am Morgen kaufen zu dürfen. Wahnsinn!

MARIO SCHMIDT: Klar – aber es gibt doch auch Kaufmotive, *Karsten*?

KARSTEN BROCKE: Ja, natürlich gibt es die. Die Emotionssysteme geben den Zielrahmen beim Menschen vor, während die Motive meist viel konkreter in ihrer Ausrichtung sind. Also Motive sind, sozusagen, die konkrete Umsetzung der Emotionssysteme in das tägliche Leben.

MARIO SCHMIDT: Welche sind das?

KARSTEN BROCKE: Es sind insgesamt fünf.

- *Bequemlichkeit,*
- *Status,*
- *Sparen,*
- *Sicherheit und*
- *Vertrauen*

MARIO SCHMIDT: Ich wiederhole nochmal: Also Bequemlichkeit, Status, Sparen, Sicherheit und Vertrauen.

KARSTEN BROCKE: Genau so ist das!

MARIO SCHMIDT: Geben Sie uns bitte dazu noch eine Begründung, weshalb gerade diese Motive die Grundlage von Kaufentscheidungen sind?

KARSTEN BROCKE: Sehr gerne.

1. Bequemlichkeit.

Alles, was uns das Leben bequemer macht, kaufen wir. Wir haben vorhin schon über die Faulheit des Gehirns gesprochen. Ich nenne es gern Spülmaschinen-Effekt. Ich war vor über 5 Jahren Single. Was habe ich mir gekauft? Eine Spülmaschine, also glauben Sie mir, ich hätte mir den Teller ablecken können, ich hätte ihn in den Schrank stellen können. Es hätte keinen gestört, aber nein, es war ja bequemer, ihn in die Spülmaschine zu stellen. Das Blöde war, ich habe dann 5 Teller abgewaschen mit der Maschine. Aber es war einfach bequemer, ich habe es nicht mehr gesehen, zack, Teller war weg. Also alles, was das Leben bequemer macht, nehmen wir gern.

Haben Sie eine Sitzheizung?

MARIO SCHMIDT: Die habe ich.

KARSTEN BROCKE: Ja, Sie wissen, worum es geht.

2. Status.

Alles was einem Menschen den Status erhöht, mag er und übrigens führt es auch wieder zu Balance. Also ich habe neben *George Clooney* gesessen, ich durfte mit *Mario Schmidt* in einem Studio sitzen, ich habe eine Autogrammkarte von meinem Lieblingsstar und so weiter. All das, was den Status erhöht, machen wir gern. Deswegen tragen wir teurere Uhren, fahren schicke Autos. Vielleicht kennen Sie das, wenn einer ein Haus baut, dann baut er, sagen wir mal 4,60 m hoch. Der Nachbar baut auch ein Haus. Das ist dann 4,65 m hoch. Also wir versuchen dann immer noch etwas besser, weiter oder noch schöner zu sein. Einer macht einen neuen Zaun, macht der andere auch einen neuen Zaun. Übrigens, wann wird Ihr Auto alt?

MARIO SCHMIDT: Wenn es mir nicht mehr gefällt?

KARSTEN BROCKE: Nee, wenn der Nachbar sich ein neues kauft. Also alles, was den Status erhöht, machen wir dann liebend gern.

3. Sparen.

Sparen ist etwas, was dafür sorgt, dass wir ein Gefühl haben, etwas wirklich richtig getan zu haben beim Einkauf. Deswegen ist auch 'ewig und drei Tage' dieser Slogan: „*Geiz ist geil* ", so wunderbar gelaufen. Deswegen gibt es Sommerschlussverkauf, Winterschlussverkauf, Herbstschlussverkauf, Frühlingsschlussverkauf. Obwohl die Menschen wissen, dass es eigentlich, wenn wir ehrlich sind, ziemlicher Quatsch ist.

Wenn Sie in einen Supermarkt gehen und da steht der Preis in Weiß, und daneben ein Preis in Rot, dann gucken Sie automatisch auf den roten Preis und denken: "*Ahh - Schnäppchen*". Also - wir wollen sparen.

Aber wir wollen auch Aufwand sparen. Wir wollen Arbeit sparen. Es geht nicht nur ums Geld. All das führt also auch zu Balance.

4. Sicherheit.

Sicherheit ist für uns ein ganz hohes Gut, also wirklich ein ganz hohes Gut. Deshalb haben wir Menschen Ärzte erfunden und Kliniken erfunden, Weil wir wollen, dass wenn wir krank sind, wir wieder gesund werden. Diese Industrie, *Mario*, macht richtig viel Geld. Alles über das Thema Sicherheit. Aber deshalb haben Sie ja auch einen Airbag im Auto. Wie viele Airbags haben Sie?

MARIO SCHMIDT: Jede Menge, ich glaube zwölf.

KARSTEN BROCKE: Das kann sein, ich fahre mit meinem Auto extra nirgendwo mehr gegen, weil ich gar nicht wissen will, wenn die alle aufgehen, was dann im Auto passiert.

Sie haben ja auch ABS im Fahrzeug, ein Schloss an der Tür, manche haben drei Schlösser an der Tür usw., usf. Deshalb fahren Sie auch im Winter mit Winterreifen und im Sommer mit Sommerreifen – alles aus dem Gefühl geboren, aus dem Gefühl sich sicherer zu fühlen. Die gesamte Branche der Absicherungen und Versicherungen gibt es aus diesem Grund. Auch dafür geben Menschen richtig viel Geld aus. Die eigene Vorsorge ist tief in uns verankert.

5. Vertrauen.

Glaubwürdigkeit, Achtung und Wertschätzung sind die Grundlage von Vertrauen. Sie erleben es in der Bankenkrise: wenn Vertrauen verloren geht beim Menschen zu anderen Menschen, dann entstehen daraus sogar Krisen. Also das Vertrauen in die Sicherheit einer Immobilie in den USA war ja nicht besonders hoch zum Schluss. An den Börsen geht es um Vertrauen, beim Umgang der Banken mit Geldflüssen geht es um Vertrauen. In der Krisenzeit in Zypern ging es um Vertrauen in das Bankensystem. Es entstehen eben ganze Krisen auf diesem Planeten beim Verlust von Vertrauen. Also Vertrauen ist ganz wichtig. Selbst in Beziehungen unter den Menschen geht es immer um Vertrauen. Ob es Arbeitskollegen sind, denen man vertrauen muss, oder eben der Partner, mit dem man zusammenlebt.

Kurze Frage: „Gibt es Liebe ohne Vertrauen, Mario?"

MARIO SCHMIDT: Ich denke nicht!

KARSTEN BROCKE: Genau, aber Vertrauen ohne Liebe schon! Vertrauen ist der Ring, der alles zusammenhält. Vertrauen führt zu Balance und der Verlust von Vertrauen zerstört genau diese.

Und jetzt merken Sie, dass diese 5 Oberbegriffe wirklich nur bedeutsame Oberbegriffe sind, bei denen sich alles andere darunter ableiten lässt.

MARIO SCHMIDT: Und bei jedem Kaufprozess benötigt man immer alle 5 Motive und muss diese erfüllen?

KARSTEN BROCKE: Nein. Bei Produkten und Dienst-leistungen, Strategien oder Ideen, reichen drei von fünf, also die Mehrheit!

3 von 5!

Nehmen wir mal an, Ihre Partnerin hat High Heels. Wenn Sie, zu Ihrer Partnerin sagen: "*Sind die High Heels sicher?*" Was würde sie antworten?

MARIO SCHMIDT: Nee, eher nicht!

KARSTEN BROCKE: Nee, sie sind ja auch 18 cm hoch. Sicher sind die nicht.

Als ich mit *Edgar Itt* auf dem Sportlerball in Frankfurt am Main war, habe ich dann Nachts um zwölf, es war wirklich so, 5 Frauen gesehen, die die Schuhe ausgezogen hatten und sich die Füße massierten und ich fragte dann: *„Warum massieren Sie sich hier die Füße mitten in der Veranstaltung?"* *"Uns tun die Füße weh!"* war ihre Antwort!

Also sicher sind sie nicht und bequem sind sie wahrscheinlich auch nicht. Sie merken schon, man benötigt nicht alle 5 Gründe bei einem Kaufprozess.

Wenn Sie ein teures Auto kaufen, ist da Sparen wichtig?

MARIO SCHMIDT: Mal ja - mal nein.

KARSTEN BROCKE: Als ich mein Auto kaufte, habe ich eben nicht gefragt, wie viel CO_2 stößt er aus und was ich sparen kann. Das war mir jetzt nicht wichtig. Wichtig war mir die mögliche Beschleunigung des Fahrzeugs.

Wenn Sie eine Luxusuhr kaufen können - wollen Sie dann sparen? Wenn Sie Essen gehen, sparen Sie nicht, wenn Sie festes Schuhwerk tragen usw., muss es nicht schick sein, es müssen also nicht immer alle Faktoren voll abgedeckt werden, ist gar nicht notwendig.

Bei Produkten und Dienstleistungen reichen 3 von 5.

In Beziehung zu Menschen ist das anders. Da benötigen Sie alle Kriterien. Wenn ein Kriterium fehlen würde, in einer Beziehung zwischen Menschen, geht die Beziehung früher oder später kaputt.

MARIO SCHMIDT: Also muss:

- *Bequemlichkeit,*
- *Status,*
- *Sparen,*
- *Sicherheit und*
- *Vertrauen*

in Beziehungen stimmig sein, sonst geht es daneben.

KARSTEN BROCKE: So ist das! Eindeutig, wenn nur ein Motiv nicht erfüllt werden kann, wird es schwer und der Mensch wird unglücklich in seiner Beziehung werden, auch unter Kollegen ist das so, eben nicht nur im Privatleben.

MARIO SCHMIDT: Jetzt verstehe ich, wieso so viele Menschen emotional belastet sind, denn wenn ein Kriterium, zum Beispiel in der täglichen Arbeit, fehlt, ist die Tendenz groß, dass sie krank werden, innerlich kündigen und ihren Job nur nach Vorschrift machen.

KARSTEN BROCKE: *Mario*, genau so ist es!

Der Ausweg, wie schon besprochen, wäre: raus aus der Box. Neues entdecken, loslassen, Sie wissen ja bekanntlich, wer loslässt, hat beide Hände frei. Dazu muss man aber wollen. „Möchten" würde nicht reichen.

Also nicht beschweren, sondern handeln.

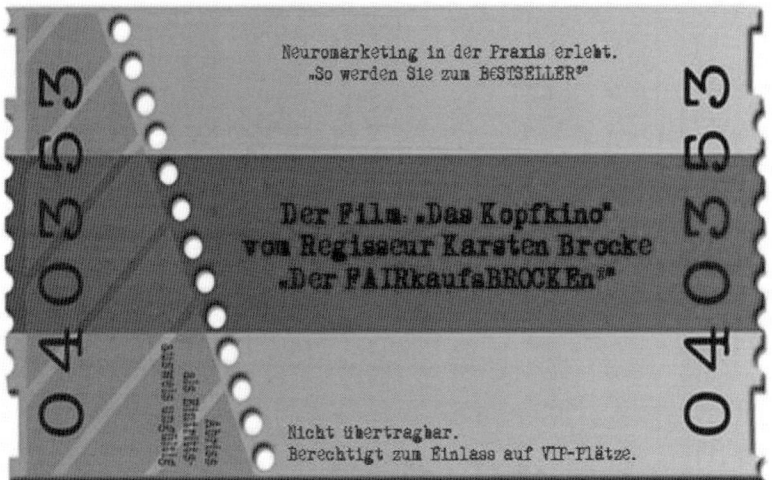

Raum für Ihre Bemerkungen, Ausarbeitungen und Notizen

Raum für Ihre Bemerkungen, Ausarbeitungen und Notizen

Grundregeln des Erfolges und das Rezept

MARIO SCHMIDT: Sie haben schon vor Jahren die Grundregeln zum Erfolg aufgestellt und hierfür sogar das Rezept herausgebracht.

KARSTEN BROCKE: Ja, das stimmt, das ist so, *Mario*! Eventuell können wir diese ja jetzt unseren Lesern auch kundtun.

MARIO SCHMIDT: Ja, machen wir das! Also geben Sie uns jetzt die Regeln als Aufforderung zum Handeln mit und wünschen uns mit diesen Erkenntnissen viele Erfolge.

KARSTEN BROCKE: So ist das! Fangen wir doch einfach an.

MARIO SCHMIDT: Die neun Grundregeln zum eigenen Erfolg und das Rezept.

MARIO SCHMIDT: Regel Nummer 1
Erfolg ist vorhersehbar, alles hat einen Grund!

KARSTEN BROCKE: Absolut! Wenn Sie Erfolg haben, gibt es einen Grund. Wenn Sie keinen Erfolg haben, gibt es einen Grund. Wenn Sie einen Termin haben, gibt es einen Grund.

Wenn Sie keinen Termin haben, gibt es einen Grund. Wenn Sie Einwände oder Vorwände hören, gibt es einen Grund. Für alles, was Sie tun und/oder unterlassen, gibt es einen Grund. Kriegen Sie den Grund raus und Sie haben die erste Regel erledigt.

MARIO SCHMIDT: Regel Nummer 2
Entweder Sie schaffen sich Ihre Umwelt, oder die Umwelt schafft Sie! Die 90/10 Regel.

KARSTEN BROCKE: In jedem Unternehmen, wo ich tätig bin, gibt es immer Stars, so 10 bis 15 Prozent, von Beratern und Verkäufern, oder von Managern oder Führungskräften, die wirklich richtig erfolgreich unterwegs sind. Dann gibt es eine große Masse, die mitschwimmt und dann gibt es wenige, zum Glück wenige, die sich da in den unteren 5 Prozent bewegen. Aber die gibt es nun mal. Die Frage ist, wenn ich akzeptiere, dass 10 oder 15 Prozent sehr erfolgreich in ihrer Branche oder in meinem Unternehmen sind, warum gehöre ich dann nicht dazu? Weil - möglich ist es ja, weil, sie gibt es ja. Fragen Sie sich also, liebe Zuhörer: *"Wo bin ich? Bin ich bei 30 Prozent, bei 40, bei 50?"* Auf jeden Fall können Sie auch unter die 10 Prozent kommen.

MARIO SCHMIDT: Regel Nummer 3
Ursache und Wirkung: Jede Aktion führt unweigerlich zu einer Reaktion!

KARSTEN BROCKE: Absolut. Wir müssen uns bewusst werden, dass wir der Auslöser von Reaktionen sind. Das bedeutet, wenn wir Menschen in einer, zum Beispiel, Sie - Kommunikation aktivieren, passieren völlig andere Sachen, als wenn wir Menschen in der Ich - Kommunikation zur Konsumption bringen. Ich bin immer der Auslöser.

MARIO SCHMIDT: Regel Nummer 4
Zuverlässigkeit: Qualität fängt mit Qual an!

KARSTEN BROCKE: Das ist so! Fachwissen, eine Auseinandersetzung mit den wirklich wichtigen Zielen und nicht nur Wünschen des Kunden, ist die Voraussetzung für ein hoch professionelles Gespräch, *Mario*. Das Erlernen der Sie-Kommunikation ist der Schlüssel zum Eigenerfolg. Qualität fängt mit Qual an, heißt: Lernen.

MARIO SCHMIDT: Regel Nummer 5
Hunde-Taktik: Machen Sie sich beliebt!

KARSTEN BROCKE: Ich glaube, dass Wertschätzung, ehrliches Lob und wahrhaftige Anerkennung die Schlüssel dafür sind, dass Menschen Sie mögen. Ich glaube, dass Menschen, die Menschen anlügen, früher oder später keine Freunde mehr haben.

MARIO SCHMIDT: Regel Nummer 6
Prioritäten: Prioritäten erkennen wir ausschließlich an den Folgen, die sie verursachen!

KARSTEN BROCKE: Das ist absolut korrekt! Viele denken, Prioritäten erkennt man an "wichtig - dringend - notwendig". ABC-Notwendigkeiten usw. Das ist erst einmal völlig falsch! Prioritäten erkennt man ausschließlich nur an ihren Auswirkungen. Also nach den Auswirkungen zu fragen, ob etwas zu tun und/oder zu unterlassen ist, ist die richtige Frage. Weil: daran kann ich erst meine Prioritäten wirklich ableiten.

MARIO SCHMIDT: Regel Nummer 7
Planung: Wer seinen beruflichen Werdegang nicht plant, hat keine Zukunft!

KARSTEN BROCKE: Gerade Planung, *Mario*, wird oft unterschätzt! Wann werde ich was genau tun? Welche Quoten benötige ich, um Erfolg zu haben? Was muss ich wie oft tun, damit sich Erfolg einstellt? Bin ich gut vorbereitet auf meinen Kunden? Was muss wann in einem Kaufprozess genau passieren, damit ein Abschluss möglich ist? Das alles muss geplant ablaufen. Es gibt keinen Zufall im Kaufprozess!
Gar keinen!

MARIO SCHMIDT: Regel Nummer 8
Verantwortlichkeit: Jeder im Unternehmen ist verantwortlich!

KARSTEN BROCKE: Absolut. Als Erstes ist es ganz wichtig bei den Regeln zum Erfolg, dass Sie Ihre Eigenverantwortung übernehmen. Also die Verantwortung für Ihr Handeln. Beschweren Sie sich nicht über andere Menschen. Handeln Sie und dann werden andere Reaktionen kommen.

MARIO SCHMIDT: Regel Nummer 9
Von Visionen zu Aktionen; Armut kommt oft von arm an Mut

KARSTEN BROCKE: Das stimmt! Haben Sie Mut, Ihre Gedanken zu hinterfragen! Haben Sie Mut, die Box zu erweitern! Lernen Sie, absolut angenehm anders als alle anderen aufzufallen. Dann stellt sich Ihr Erfolg ein oder wird noch größer.

MARIO SCHMIDT:
Und jetzt noch das Rezept zum Erfolg - mit 5 Zutaten:

KARSTEN BROCKE: "Rezept" ist hier nur eine Metapher, *Mario*.

MARIO SCHMIDT: Aha.

KARSTEN BROCKE: Es ist wie beim Kochen. Halten Sie sich an das Rezept, wird die Wahrscheinlichkeit drastisch steigen, dass das Essen schmeckt, richtig?

MARIO SCHMIDT: So ist es!

KARSTEN BROCKE: Ja und so verhält es sich auch bei beruflichem Erfolg. Nutzen Sie das Rezept!

Erste Zutat:
Sie müssen wissen, wohin Sie wollen.

Zweite Zutat:
Sie müssen wissen, wo Sie gerade stehen.

Dritte Zutat:
Sie müssen wissen, was Sie zu tun haben, um Ihre Ziele zu erreichen.

Vierte Zutat:
Tun Sie es!

Und die fünfte Zutat:
Seien Sie beharrlich – Beharrlichkeit und Misserfolg schließen einander aus!

KARSTEN BROCKE: Liebe Leser und Zuhörer, halten Sie sich an diese Zutaten und an das Rezept und Sie können Misserfolg ausschließen und werden Erfolg haben.

Vielen Dank an den FAIRkaufsBROCKEn® – *Karsten Brocke!*

Bonusmaterial – Ihr Zusatznutzen

Meine These: „Der Erfolg im Verkaufsgespräch folgt einem klaren, vorgegebenen Weg" hat *Günter Schwindinger* mir 2013 in einem sehr persönlichen Meeting mehr als nur bestätigt. Er hat mir auch klar gemacht, dass eine V I S I O N zu einer M I S S I O N werden kann.

Günter Schwindinger war in seiner Jugendzeit Straßenbahnfahrer und hat sich nun zu einem der erfolgreichsten Manager entwickelt. Mich hat sein Bild der Straßenbahn, die ihrer Spur folgt und einen klaren Weg hat, sehr beeindruckt. Und noch mehr: es zeigt und bestätigt, dass Menschen, die einen manifestierten Erfolgsweg haben, auch konsequent ihren Weg gehen können.

Deshalb möchte ich auch Ihnen dieses Bild "einpflanzen". Machen Sie es wie eine Straßenbahn. Folgen Sie Ihrem Weg – auch im Gespräch – und nutzen Sie die Geradlinigkeit der modernen Gesprächsführung.

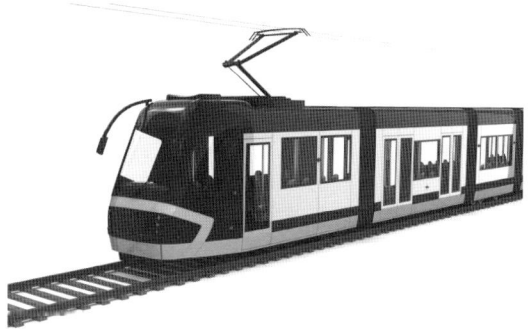

Worum es nun geht, ist das Drehbuch zum modernen Verkaufsgespräch. Also endlich weg vom LEID-Faden. Leitfäden fühlen sich oft so an, wie Schuhe in der Größe 41, wenn man Schuhgröße 43 hat. Es drückt, passt nicht wirklich und schmerzt.

Das folgende Drehbuch sichert Ihnen nun   I H R E Authentizität. Studieren und lernen Sie das Drehbuch.

Machen Sie es zu I H R E M Drehbuch, dann wird der Erfolg an Ihnen haften wie ein Tattoo. Sie haben nun das Happyend Ihres Verkaufserfolges selbst in der Hand.

Dein Weg ist bestimmt.
Ob Fremd oder selbst – Deine Entscheidung

Karsten Brocke

Das Drehbuch oder der professionelle Gesprächsablauf - modern interpretiert

Begrüßung

Guten Tag. Nehmen Sie doch Platz ....
- Small talk (ca. 2 –5 Minuten)

Erste Frage: …

- Haben Sie auch was Schönes in der letzten Zeit erlebt???

- Geht es Ihnen auch gut?

- Haben Sie auch einen schönen Tag?

- Alles gut gefunden?

- Und ... schon neugierig?
  (abwarten... hinhören: jetzt redet der Kunde über etwas Gutes)

Einstieg in das Gespräch – Aktivierung des Kunden

Berater:
Sagen Sie, wollen Sie wissen, was ich
(oder mein Unternehmen) tue, oder was Sie davon haben?

Kunde:
Egal... (A oder B)

Berater:
Gut, dann fange ich mit meinem Beruf/Unternehmen an und komme dann sofort zu Ihnen, ok?

Kunde:
Ja.

Visitenkarte übergeben

Berater:
Ich darf Ihnen zum Anfang unseres Gespräches meine Visitenkarte überreichen?

Kunde:
Ja klar.

Berater:
Heute ist der (Datum)?
(Kunden aktivieren und Datum auf Visitenkarte eintragen)

Kunde:
OK. (Nennt Datum)

Berater: (**Beispiel 1**)
Mein Name ist (Vor- + Nachname sagen und auf der Visitenkarte unterschreiben) und ich unterschreibe Ihnen Ihre Visitenkarte mit Datum, damit Sie genau wissen, wann genau wir uns kennen gelernt haben. Ist das in Ordnung für Sie?

Kunde:
JA klar.

Berater: (**Beispiel 2**)
Ich unterschreibe meine Visitenkarte grundsätzlich, damit Sie wissen, dass dies Ihre persönliche Visitenkarte ist – genauso persönlich, wie meine Beratung für Sie. Ist das ok. für Sie?

Kunde:
JA klar, Danke.

Berater: (**Beispiel 3**)
Ich unterschreibe meine Visitenkarte immer im Beisein meines Kunden, damit Sie genau wissen, dass dies Ihre Karte ist – ich möchte einfach, dass Sie wissen, dass dies eine Wertschätzung an meine Kunden ist. Ist das ok. für Sie?

Kunde:
JA klar – Danke.

Berater:
(Jetzt wesentliche Punkte zu Ihrem Unternehmen sagen und Übergabe des persönlichen Blockes an den Kunden, versehen mit dem Namen des Kunden)

Berater:
Frau / Herr…, wenn sich in den nächsten 30 bis 45 Minuten nichts finanziell positiv für Sie ändert, macht dann aus Ihrer Sicht dieses Gespräch Sinn?

Kunde:
Nein, natürlich nicht.

Berater:
Dann haben Sie also eine Erwartungshaltung?

Kunde:
Ja.

Berater:
Welche?
Können Sie bitte die wichtigsten Punkte kurz aufschreiben?

Kunde:
Meine Erwartungen sind...

Nun immer die „Meta-Ebene" nutzen; damit haben Sie die Möglichkeit, Ihre eigenen Themen mit in das Beratungsgespräch einzubringen.

Berater:
Andere Kunden sagen an dieser Stelle… (**Beispiele**)

- Andere Kunden sagen an dieser Stelle: "*Wenn ich Gelder bekommen kann, die mir zustehen, dann würde ich sie nehmen*"... Sie auch?

- Andere Kunden sagen an dieser Stelle: "*Fördermittel, die ich beantragen kann, würde ich nehmen, wenn es ginge*"... Sie auch?

- Andere Kunden sagen oft an dieser Stelle: "*Wenn ich bemerke, dass ich für mich und meine Familie vorsorgen kann - auf der Grundlage aktueller Gesetze, dann würde ich es tun*"... Sie auch?

- Andere Kunden haben die Erwartung, auf der Grundlage der aktuellen Gesetze Gelder „mitzunehmen", wenn sie ihnen zustehen... Sie auch?

- Im letzten Gespräch sagte ein Kunde: "*Wenn ich staatliche Förderungen bekommen kann, nehme ich sie*"... Würden Sie das auch tun?

- Aus Erfahrung weiß ich, dass andere Kunden gerne eine Checkliste am Anfang durchgehen. Sind Sie auch so ein Mensch?

- Andere Kunden sagen an dieser Stelle oft: "*Wenn ich selbst erkenne, dass ich es mir leisten kann, wenn es zu mir passt und ich es benötige, dann nehme ich es*"... Denken Sie auch so?

- Im letzten Gespräch sagte ein Kunde zu mir: *„Die eigene Vorsorge ist für mich wichtig"*... Gilt das auch für Sie?

Sie bemerken nun selbst, dass der Kunde aktiviert wurde und sich selbst in eine Erwartungshaltung bringt, sowie einen ersten „geistigen Vertrag" mit Ihnen geschlossen hat. Denn seine Erwartungshaltung ist nun schon am Anfang des Gespräches ganz genau definiert.

Raum für Ihre Bemerkungen, Ausarbeitungen und Notizen

Bevor – Technik

Ein wesentlicher „Schlüssel" für die weitere „Aktivierung" des Kunden ist die „Bevor-Technik".

Wenn Sie Sätze mit „Bevor" beginnen, signalisieren Sie dem Kunden ein Gefühl der Vertrautheit, Sicherheit und Entspanntheit.

Denn wenn Sie so beginnen, wird der Kunde das Gefühl behalten, dass Sie keinen Druck oder Zwang auf ihn ausüben wollen. Das Gespräch bleibt entspannt und konfliktfrei.

Die mögliche Spannung im Gespräch vergeht und der Kunde fühlt sich wohl.

Berater: (**Beispiele**)

> Bevor wir mit dem Gespräch beginnen, können wir vorab etwas vereinbaren?

- *Kunde:*
  Na klar – was denn?

- Berater:
  Bevor das eigentliche Gespräch beginnt, können wir uns ein Ziel setzen?

- *Kunde:*
  Klar, macht Sinn.

- Berater:
  Lieber Kunde, vorab habe ich eine Frage: Können wir eine gemeinsame Vereinbarung zum Gesprächsablauf festlegen?

- Kunde:
  Klar – welche?

Vereinbarung treffen:

Nun gilt es, eine gemeinsame Vereinbarung für das Gespräch zu treffen. In diesem Teil des Beratungsgespräches geht es darum, genau festzulegen (gemeinsam), was die Beratung erbringen soll und welche Ziele das Gespräch hat. Hier wird der Kunde „abgeholt" und so stark „aktiviert", dass das Ergebnis im Gespräch „vorweggenommen" wird.

Durch eine Vereinbarung gleich am Anfang tritt nun das in Kraft, was Sie erreichen wollen – einen aktiven (aktivierten) Kunden.

Berater: (**Beispiele Vereinbarungen**)

- Also lieber Kunde, treffen wir am Anfang des Gespräches eine Vereinbarung. Eine, die Ihnen dient? Ok?

- *Kunde:*
  Ja klar, worum geht es genau?

- Berater:
  Sie bringen sich aktiv in das Gespräch ein und stellen Fragen. Ich werde versuchen, alles klar und deutlich zu benennen, um so schnell zu Ihren Vorteilen zu kommen, einverstanden?

- *Kunde:*
  Ja gern.

- Berater:
  Sie, lieber Kunde, geben mir ein Zeichen, wenn Sie ihre eigenen Vorteile erkennen und ich werde festhalten, was wirklich wichtig für Sie persönlich und Ihre Familie/ Absicherung/ Zukunftsplanung… ist, einverstanden? Ich versuche alles, damit Sie schnell erkennen, was Sie von dieser Beratung haben.

- *Kunde*:
  Ja gern.

- Berater:
  Liebe/r Herr/Frau Kunde. Wenn Sie bemerken, dass dieses Gespräch gut für Sie ist und Sie denken, das ist auch für andere Menschen gut, erst dann empfehlen Sie mich weiter. Ich werde im Gegonzug alles unternehmen, dass Sie Ihre Chancen und Vorteile der Beratung schnell selbst erkennen, ist das ok. für Sie?

- *Kunde:*
  Klar doch, gern.

- Berater:
Liebe/r Herr/Frau ... Wenn Sie selbst erkennen, dass Sie finanzielle Vorteile genießen können und Sie sehen, dass Sie sich diese Vorteile sichern können, nutzen Sie dies dann auch, wenn Sie es sich leisten können, Sie es benötigen und es zu Ihnen passt?

- *Kunde:*
Na klar – wäre ja dumm, es nicht zu tun.

- Berater:
Ich wiederum werde mir die größte Mühe geben, dass Sie sehen, was zu Ihnen passt, was geht und welchen Nutzen Sie haben, ok?

- *Kunde:*
Klasse. Dankeschön.

Sie bemerken nun selbst, dass Sie mit der Bevor-Technik und der gemeinsamen Vereinbarung den „Schlüssel" zu einem starken und zielorientierten Gespräch haben, denn nun wird offen und zielorientiert das Gespräch ablaufen, Ihr Gespräch wird sehr professionell und gewinnbringend für beide Gesprächspartner enden.

Die Erfolgsquote zu einem Abschluss steigt drastisch!

Der Beraterteil des Verkaufsgespräches

Erst jetzt gehen Sie in Ihr Berater- und Verkaufsgespräch, so, wie Sie es bisher immer führten. Jetzt sind die Voraussetzungen geschaffen, dass der Kunde mit Ihnen arbeitet. Jetzt ist er aus der Konsumentenrolle raus und aktiv am Gespräch beteiligt und ins Gespräch involviert.

Der Beratungsablauf stellt sich nun wie folgt dar: Während des gesamten Beratungsteils wird durch Sie nun immer wieder eine klare Rückfrage zum Stand des Gespräches gestellt.
Hier ist der Sinn schnell erläutert: Sie können den Kunden nicht „verlieren" und er bleibt immer „aktiviert". So sorgen Sie dafür, dass am Ende des Beratungsteils ein positives Ergebnis entsteht, dass zu einer Entscheidung führt.

Diese „Zwischenfragen" sorgen für einen entspannten Ablauf, eine klare Linie in Ihrem Gespräch und eine Fokussierung auf das Wesentliche.

Die nun folgenden Zwischenfragen im Beratungsgespräch sind ca. alle sieben Minuten (Kurzzeitgedächtnis) zu stellen. So stellen Sie sicher, dass der Kunde Ihnen folgt und Sie mit ihm auf einer „Wellenlänge" sind.

Berater: (**Beispiele**)
Alles klar soweit?

Kunde:
Klar doch.

Berater:
Gut so?

Kunde:
Ja, alles klar.

Berater:
Können wir das Thema abschließen und zum nächsten Thema gehen?

Kunde:
Gern, oder: *Nein, ich habe noch eine Frage dazu…*

Berater:
Bis hierher einverstanden?

Kunde:
Ja, das klingt gut.

Berater:
Ist dies in Ihrem Sinne?

Kunde:
Ja, absolut.

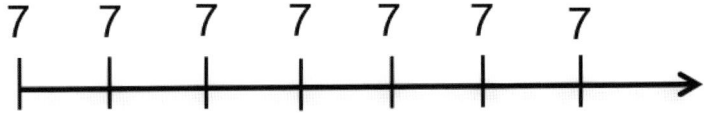

Zusammenfassung

Nun gilt es, eine Zusammenfassung des Gespräches zu gestalten. In dieser Zusammenfassung „verkauft" der Kunde seine Vorteile, seinen Nutzen und das positive Gespräch sich selbst.

Sie werden gelobt und erhalten Ihre Ihnen zustehende Anerkennung für Ihre geleistete Arbeit. Der Kunde festigt nun seinen erlebten Nutzen selbst und bereitet den (seinen) Kauf selbst vor. Diese Phase ist entscheidend für den weiteren Werdegang, den Abschluss und die Empfehlung Ihrer Person und Ihrer Dienstleistung.

Berater:
So lieber Herr/Frau Kunde. Nun sind wir mit der Beratung durch und ich möchte Sie etwas fragen, darf ich?

Kunde:
Klar doch.

Berater: Können wir gemeinsam eine Zusammenfassung machen?

Kunde:
Ja gern, wieso nicht.

Berater:
Ok. Dann fangen Sie doch bitte an. Was hat denn Ihnen am besten gefallen an der Beratung?

Kunde:
Dies und jenes…

Berater:
Was an unser persönlichen Zusammenarbeit?

Kunde:
Sie waren kompetent, es war ein schönes Gespräch…

Berater:
Was ist aus Ihrer Sicht nun genau zu tun, damit Sie in den Genuss von … kommen?

Kunde:
Ich werde nun …

Berater:
Klasse. Dann werden wir nun… für Sie Folgendes tun.
Ich möchte aber auch noch sagen… (nun loben Sie den Kunden und verstärken seine Entscheidung).

Jetzt hat der Kunde Sie gelobt und Sie ihn, er hat sich bedankt für das tolle, informative Gespräch und die klaren Inhalte. Sie wissen nun genau, was beim Kunden „angekommen" ist und was Sie jetzt zu tun haben, denn der Kunde hat es Ihnen ja gerade gesagt.

Nun folgt das „NETTworking". Jetzt ist es entscheidend, dass Sie sofort zur Empfehlungsnahme kommen. Und - es ist sehr entscheidend, dass Sie, B E V O R Sie eine Unterschrift bekommen oder einen Vertrag schließen, J E T Z T Referenzen ziehen. Der Kunde ist komplett in der Balance.

Empfehlungsnahme (Beispiele)

Empfehlungsgespräch und Weiterempfehlung (zwei Varianten)

Variante 1

Berater:
Darf ich zum Ende des Gespräches auch noch eine kleine, letzte Frage stellen, lieber Kunde?

Kunde:
Klar doch.

Berater:
Sie sagten am Anfang des Gespräches, bzw. stimmten der Aussage zu, dass Sie nur anderen Menschen von mir erzählen, wenn Sie absolut zufrieden sind, richtig?

Kunde:
Ja.

Berater:
Entnehme ich Ihren Worten, dass dieser Zustand eingetreten ist?

Kunde:
Ja, na klar.
Haben Sie Menschen in Ihrem Umfeld, die Sie besonders schätzen, mögen oder gar lieben?

Kunde:
Ja klar!

Berater:
Gönnen Sie diesen Menschen auch so eine professionelle Beratung?

Kunde:
Ja klar!

Berater:
Toll, wer ist dies aus Ihrer Sicht. Wer hat es wirklich verdient?

Kunde:
Der, der und der.

Berater:
Danke lieber Kunde. Ich werde mich mit (der, der und der) in Verbindung setzen. Schön, dass Sie auch an andere Menschen denken und ihnen Gutes gönnen. Klasse. Wir können auch gleich noch eine SMS senden an die Menschen, die Ihnen auch noch sehr wichtig sind, ok?

Kunde:
Ok, wenn Sie wollen.

Berater:
Hier der Text, bitte schreiben Sie den in Ihr Handy.

„Hallo ihr Lieben. Wenn sich ein ... meldet - bitte geht ran. Es lohnt sich wirklich! LG ..."

Variante 2 - Die eine Million-Geschichte

Berater:
Bevor wir das Gespräch beenden, habe ich noch eine Frage an Sie - darf ich sie kurz stellen?

Kunde:
Ja klar, gern.

Berater:
Stellen Sie sich vor, Sie bekommen eine Nachricht vom Bundesministerium für Finanzen, dass Sie von offizieller Seite ausgewählt wurden, Fördermittel von einer Million Euro aus staatlichen Geldern an Familien weiterzureichen. Sie dürfen das Geld nicht selber verwenden oder behalten, ok?

Kunde:
Schade, aber ok.

Berater:
Gut, Sie haben also das Recht erworben, diese eine Million Euro zu gleichen Teilen zu verteilen. Haben Sie Menschen, die Ihnen nahe stehen oder die Sie wirklich gut kennen, die Ihnen wichtig sind, Familien mit Kindern oder Angehörige, die dieses Geld bekommen sollten?

Kunde:
JA klar doch.

Berater:
Wem würden Sie dieses Geld zukommen lassen?

Kunde:
X Y Z

Berater:
Wenn ich nun mit meiner Beratung dafür sorge, dass diese Menschen den Zugang zu Fördermitteln, die der Staat zurzeit vergibt und die diesen Menschen offiziell zustehen, auch bekommen - würden Sie dies auch aus Ihrer Sicht befürworten?

Kunde:
JA, das mache ich.

Fazit:
Nun haben Sie auch eine echte Empfehlung zu wirklich wertvollen Menschen bekommen - ohne wirklich danach zu fragen - der Kunde hat sie Ihnen benannt, weil er es wollte.

Denn Sie sind in diesem Gespräch kein Bittsteller oder ein Mensch, der das Gefühl haben muss, *„es ist mir unangenehm, andere Menschen nach einer Empfehlung zu fragen"*. Halten Sie sich an diesen Text und Sie werden sehen, dass Vieles leichter wird beim Empfehlungsgespräch.

Nicht vergessen: Empfohlen werden Sie erst nach einer empfehlenswerten Leistung!

Berater:

- Prima, nun kommen wir zu Ihrer Beantragung…
- Nun können wir die Verträge fertigstellen
- Klasse. Nun können Sie Ihre Zukunft besser gestalten. Kommen wir zur Unterzeichnung

Die Vereinbarung – zweiter Teil

Im vorletzten Teil des Beratungs- und Verkaufsgespräches ist nun zu vereinbaren, was zu tun ist. Einen weiteren Termin zu finden, ein weiteres Gespräch zu führen, die Unterlagen zu erstellen, den Vertrag auszuhändigen und so weiter.

Berater:
Liebe/r Herr/Frau Kunde. Können wir nun zum Ende des Gespräches noch abschließend eine Vereinbarung treffen?

Kunde:
Ja gern – was denn?

Berater:
Was notwendig ist, wird nun vereinbart, Termin, Übergabe von Unterlagen, Nachtermin, Zweitgespräch, Kundenbesuche, Kundenbetreuung, Verträge, die zu ändern sind und so weiter - ok?

Kunde:
Alles klar – machen wir so!

Small talk (3 bis 5 Minuten)

Der letzte Teil des Beratungs- und Verkaufsgespräches ist gelegt. Nun werden Höflichkeiten ausgetauscht, der Wunsch auf einen guten Heimweg und so weiter.

Jetzt sind die Beendigung des Gespräches und die Vorbereitung auf die Nachbereitung Ihres Verkaufsgespräches am Zuge. Ihre Notizen und Bemerkungen werden zusammengefasst, eine freundliche Verabschiedung folgt.

Dieses komplette Beratungs- und Verkaufsdrehbuch versetzt Sie in die Lage, Ihre Erfolge nun drastisch zu mehren.

Halten Sie sich genau an diesen Beratungsablauf und Sie werden sehen, dass der Kunde und Sie schnell, kompetent und erfolgsorientiert zusammenarbeiten werden.

**Schenken Sie Ihren Ängsten und Bedenken
den Abschied.**

Karsten Brocke

Raum für Ihre Bemerkungen, Ausarbeitung und Notizen

_____

_____

_____

_____

_____

_____

_____

_____

_____

_____

_____

_____

_____

_____

_____

_____

_____

_____

_____

_____

_____

Raum für Ihre Bemerkungen, Ausarbeitungen und Notizen

Gastbeitrag Frank Rehme

Die 3 Werkzeuge des Handel(n)s:
Der Sinneswandel zum Sinneshandel

Karsten Brocke und ich – wie kam das?

Nun, manchmal bringt der Zufall (oder ist er es nicht?) einen mit Menschen zusammen, mit denen man sofort auf einer Wellenlänge liegt. Anlässlich eines Vortrages beim Marketing Symposium in Salzburg waren wir zusammen im gleichen Hotel untergebracht. Wir haben uns auf der Taxifahrt zum Veranstaltungsort ausgiebig unterhalten. Als wir dann gegenseitig unsere Vorträge gehört haben, war mir klar, dass ich als alter Ruhrpöttler mit dem Berliner noch etwas anfangen werde. Schnauze verbindet eben, aber noch mehr unsere Themen, die uns bewegen und mit denen wir uns seit Jahren beschäftigen. So kam es dann zu der Anfrage, ob ich in seinem aktuellen Buch nicht mal ein Kapitel übernehmen will, und das will ich hiermit beginnen.

Frank Rehme – Warum ist der in diesem Buch?

Über *Karsten Brocke* wissen Sie sicherlich einiges, sonst hätten Sie sich nicht dieses Buch von Ihm gekauft! Jetzt komme ich praktisch wie aus einem trojanischen Pferd entsprungen in Ihr Sichtfeld, da macht es Sinn, dass ich mich erst einmal vorstelle. Also, mein Name ist Frank Rehme, ich wurde an Konrad Adenauers 85. Geburtstag geboren und...

Nein, so eine klassische Vorstellung will ich doch lieber nicht machen. Das ist ein bisschen zu viel *old school*. Fangen wir doch mal mit dem an, was ich bisher gemacht habe:

Elektrosteiger (was ist das bloß?) im Bergbau unter Tage, Qualitätsmanager, Erwachsenenbildung im Bereich von Teamtrainings, Dokumentenmanager, SAP-IT Manager,

Innovationsmanager im Handel, Neurowissenschaftlich interessierter Handelsexperte, Blogger, Podcaster, Social Entrepreneur und Keynote Speaker. Seien Sie sich sicher: Mit dieser Vita wird man bei den klassischen Personalern noch nicht einmal zu einem Vorstellungsgespräch eingeladen, denn der gewünschte rote Faden verläuft im Zick-Zack Kurs. Ein Horror für alle, die mich in eine Schublade stecken möchten. Im persönlichen Kontakt stelle ich immer wieder fest, dass die Menschen mich laufend in ihrem persönlichen Schubladensystem umräumen. Ich kann mir vorstellen, dass es eine Menge Arbeit ist, und ich entschuldige mich auch gern für diesen Mehraufwand.

In Summe habe ich bisher so ca. 8 verschiedene Berufe erlernt und ausgeübt, Aber in einem bin ich mir sicher: Dass ich mich schon auf den 12. freue! Ich weiß zwar noch nicht, welcher das sein wird (vielleicht ist er auch noch nicht erfunden), aber ich bin überzeugt, dass er gut sein wird!

Seit 3 Jahren bringe ich als Vortragender auf vielen Konferenzen und Kongressen mein Wissen und meine Erfahrung aus über 35 Jahren Berufsleben (25 davon in Führungspositionen) an die Menschen, die dafür offen sind.

Was passiert, kann jeder beobachten.

Die letzten 3 Berufe habe ich alle in einem großen Unternehmen ausgeübt: Einem riesigen Handelskonzern mit knapp 300.000 Mitarbeitern in 32 Ländern. Ich habe bisher in keiner Tätigkeit mehr über Menschen gelernt als hier, denn Handel ist ein reines People to People Business und darüber hinaus sehr spannend! Auch wenn die eCommerce Evangelisten etwas anderes behaupten: Menschen lieben Menschen, und das wird auch immer so bleiben. Menschen denken nicht in Geschäftsmodellen oder in strategischen Ausrichtungen. Menschen denken in Erlebnissen, in Kontexten und verhalten sich in Abhängigkeit zu diesen. Aber dazu an anderer Stelle mehr.

Hier geht es erst einmal darum, zu verstehen, was in einer Zeit des scheinbar immer volatileren Kundenverhaltens das Erfolgskonzept des stationären Handels ist. Ja, Sie haben richtig gehört: stationärer Handel! So ein richtiger Laden mit Menschen, vielen Artikeln und natürlich Service! In dem noch heute über 90% des gesamten Handelsumsatzes gemacht wird. Ich bezeichne diese Art der Händler in meinen weiteren Ausführungen der Einfachheit halber als "Offliner".

In vielen Artikeln liest man auf Grund der jährlichen Zunahme des Onlineumsatzes viel über das Sterben des Händlers um die Ecke. Oliver Samwer, Kopf der 3 Samwer-Brüder, CEO der Firma Rocket Internet und millionenschwerer Investor hat in 2012 über 750 Mio € Wagniskapital eingesammelt und investiert das in neue Online-Geschäftsmodelle. Mit ähnlichen Beträgen "wettet" er Jahr für Jahr gegen den stationären Handel. Daraus erwachsen Unternehmen wie Zalando, studiVZ und MyHammer.de, die massenhaft Umsätze in den Onlinebereich verschieben. Der Trend ist nachhaltig und schmerzt, denn diese Umsätze werden allesamt im Offlinebereich "gekidnapped". Dort beklagt man das Ganze, verfolgt halbherzig eigene Onlinestrategien und organisiert sich auf ganzer Linie um. Der Druck scheint für die Offliner aber immer noch nicht ausreichend zu sein. Denn ich beobachte, dass viele Händler einfach nicht erkannt haben, endlich einmal ihre größte Stärke auszuspielen: Dass sie da sind. Vielen Kunden reicht das schon, und in meinem Kapitel möchte ich darauf nun eingehen. Also, los geht´s:

In meiner langen Handels-Praxis habe ich beobachten können, dass sich in der Branche ein kollektives Gedächtnis aufgebaut hat. Kunden wollen keinen Einpackservice, Kunden wollen keine Beratung, keine Renner ohne Penner und hunderte weitere "Erkenntnisse", die sich in die Gehirne vieler Handelsmanager eingegraben haben, ohne dass jemand diese in Frage stellt. Diese Erkenntnisse basieren auf Misserfolgen oder sogar Pleiten, die schwerwiegende personelle Konsequenzen zur Folge hatten. Genau diese personellen Schicksale werden in der Erinnerung mit den auslösenden Ereignissen verbunden, die es zukünftig zu meiden gilt. Egal, ob die Welt sich zwischenzeitlich weitergedreht hat oder nicht. So werden gerade erfolgversprechende Konzepte, die auf Grund des falschen Einführungszeitpunktes gescheitert sind, nie wieder aufgegriffen. Auch nicht dann, wenn die Sterne um sie herum in idealer Konstellation stehen. Hängengeblieben ist: Lass es, es schmerzt!

Nun gibt es den Handel bereits seit Jahrtausenden, eigentlich ist es das älteste Gewerbe der Welt, uneigentlich auch. Ebenso lange hat man nach einer einfachen Formel das Business betrieben: Erschaffe einen Ort, an dem du Ware vorhältst, und die Menschen kommen und kaufen. Einfache Formeln funktionieren im Handel übrigens sehr gut, wie wir noch sehen werden. Seit 15 Jahren ist dieser Ort allerdings virtualisiert, jederzeit zugreifbar und dank den Smartphones auch von jedem Ort aus zugänglich. Aus Internet wird Evernet, aus Kunden werden "Target Groups", die in einer "Omni-Channel Strategie" aktiviert werden müssen. Das Ganze natürlich über "Seamless Customer Touchpoints", alles natürlich SEO-optimiert mit entsprechendem "Conversion Uplift" als Ziel. Der Mensch im Mittelpunkt geht allerdings hoffnungslos unter.

Die bisherige Antwort des althergebrachten Handels ist einfach: Nehme die Mittel, die in der Vergangenheit erfolgreich waren und intensiviere diese bis zum Exzess. Noch vollere Regale (Alte Regel: "Warendruck erzeugt Umsatz"), noch mehr Sonderangebote und dadurch noch mehr Druck auf die Konsumgüterindustrie durch den Einkauf. Das funktioniert aber nur noch bedingt, die Folgen davon sind noch frustriertere Kunden, Händler und zuletzt Investoren, die auf ihren Kapitalkosten sitzen bleiben. Die Kette zieht sich durch viele Branchen, dabei gerät die Besinnung auf das wirklich Wichtige zunehmend unter die Räder: Der Mensch im Zentrum des Handelns!

Die 3 Werkzeuge für den Sinneswandel zum Sinneshandel

In vielen Gesprächen und Beobachtungen habe ich versucht herauszufinden, wie man der Kundenabwanderung aktiv begegnen kann. Was sorgt dafür, dass sich Kunden fast ausschließlich auf den Preis einer Ware fokussieren und der gesamte Kontext des Kaufprozesses sich massiv verändert? Die "Convenience" von Onlinekäufen bekommt den Vorzug vor dem persönlichen Kontakt mit dem Produkt und dem Händler. Ein Grund ist sicherlich, dass der Handel sich von seinem Kunden in den letzten Jahrzehnten Stück für Stück entfernt hat. Das Zuhören hat man Marktforschern überlassen. Mit hochwissenschaftlichen Statistikmodellen versuchen diese, Informationen aus einer heterogenen Kundenschar zu bekommen, die die vorher gemachten Thesen entweder bestätigen oder entkräften. Wer jemals eine vor-Ort-Umfrage beobachtet oder eine Target Group begleitet hat weiß, dass man mit kleinsten Fehlern die Ergebnisse entwerten kann. Verbraucher Panel sollen die Käufer über einen Zeitraum begleiten und verändern durch ihre nackte Existenz schon deren Verhalten. Zielgruppendefinitionen schwenken von demografischer Betrachtung zur verhaltensabhängigen Einstufung. Wer aber beschäftigt sich in einer statistischen Welt noch direkt mit den Kunden?

Das Beobachten der Kunden wurde freiwillig (warum verstehe ich bis heute nicht) in die Hände von Loyalty-Programmanbietern gegeben. Riesige Datenmengen über die Kunden liegen in den Händen Dritter, die damit einen erstaunlichen Überblick über das Konsumverhalten der Bevölkerung bekommen. Diese Daten sind Gold wert, deshalb müssen Händler auch dafür zahlen, wenn man sie ausgewertet zurück haben will. Ohne Not wurde das, was für jedes Unternehmen einen Goldschatz darstellt, aus der Hand gegeben: Das Wissen über die Lebensgrundlage des Handels! Ohne dass es je geplant war, haben sich zwischen Handel und Kunde Türsteher etabliert, die fröhlich ins Haus gelassen wurden. Und das sind nicht die letzten: Die AGFEA's dieser Welt (Apple, Google, Facebook, ebay und Amazon) stehen bereit, durch ihre virtuellen Dienste den Kunden komplett zu übernehmen.

Der Kunde wird von cleveren Markt- und Markenstrategen unterteilt in "Shopper" und "Consumer". Der Mensch wird auf sein Verhalten in verschiedenen Kanälen reduziert. Es ist verständlich, dass Kunden sich verloren fühlen, gibt man ihnen das Gefühl, dass man sich nur für ihr Verhalten, aber nicht für ihre Person interessiert. Ein fataler Fehler, der sich bitter rächt. Die Reduzierung auf das Verhalten kann jeder Onlineshop besser auswerten und steuern als jeder Offliner. Man erkennt durch das Klick- und Surfverhalten jede Schwachstelle seines

Shops und kann sie gezielt ausmerzen. Das ist sehr effektiv und wird in Profi-Webshops mit großem Erfolg optimiert. Was aber kein Onliner kann: Sich auf die Persönlichkeit des Kunden ausrichten, und das ist wesentlich ansprechender als die reine Verhaltensansprache. Kein Webshop dieser Welt erkennt Mimik, kann mit Gerüchen oder Haptik in Kontakt mit dem Menschen treten. Man kann ihn das, was er sich aussucht, auch schmecken lassen. Multisensorik ist das Zauberwort, das es möglich macht, mit dem Kunden in seiner Gesamtheit zu kommunizieren.

Diese Erkenntnisse erfordern eine konsequente Konzentration auf das Wichtigste in der Wertschöpfungskette: Den Menschen. Damit meine ich ausdrücklich alle Menschen: Kunden(innen), Verkäufer(innen), Kassierer(innen), Einkäufer(innen) – diese und noch viele andere, die daran beteiligt sind. Wenn man sich intensiv mit dieser Strategie beschäftigt, kommt man automatisch zu dem Ergebnis, dass alles eigentlich ganz einfach ist. Man muss es nur einfach machen und auf den Punkt bringen. Alle Personen und Prozesse im Handel haben sich einfach nur einem Ziel zu unterwerfen: Im Gehirn des Kunden einen Greifreflex in die Regale auszulösen. Mehr nicht, der Rest ergibt sich. Aus dieser Einfachheit heraus habe ich 3 Werkzeuge identifiziert, die sich konsequent auf eine Zukunftssicherung der Offliner ausrichten:

Werkzeug Nr. 1: "GMV"
Werkzeug Nr. 2: "Vergiss es"
Werkzeug Nr. 3: "Wir sind da"

Werkzeug Nr. 1: GMV oder wie komme ich zu den Wurzeln?

Wie bereits angedeutet, sind einfache Regeln diejenigen, die sich in am schnellsten einprägen, verbreiten und umsetzen lassen. Daher sind sie im Handel sehr beliebt. Das erste Werkzeug ist das erfolgreichste, haben Sie es immer dabei und wenden Sie es möglichst ständig an: Das GMV-Tool. GMV steht für "Gesunder Menschenverstand" und ist stark verwandt mit dem Tool "Vereinfachung".

Um das Werkzeug GMV anzuwenden müssen wir uns vorab mit dem Menschen und seinem Gehirn beschäftigen. Die Grundlagen zur Anwendung des Tools bestehen aus entsprechendem Verständnis dieses komplexen Körperteils und sind die Basis für eine erfolgreiche Anwendung. Ich erlaube mir an der Stelle, die wichtigsten Elemente meiner Erkenntnis zusammenzufassen:

1. Verstehe, warum eine Spezies auf diesem Planeten ist:

- a) Um zu überleben
- b) Um sich fortzupflanzen

Jedes Wesen hat diese 2 Grundaufgaben von der Evolution in seine DNA gepflanzt bekommen. Jeder kann in seinem Umfeld einmal auf eine Forschungsreise gehen und schauen, welche Verhaltensweisen seiner Artgenossen auf diesen beiden Aufgaben basieren. In der Werbung hat man das schon lange erkannt, man sieht viele Beispiele, die auf a) oder b) einzahlen. Auch im Handel ist es von großer Relevanz, denn der Einkauf von Lebensmitteln zahlt ganz klar auf a) ein, wo hingegen der Einkauf von Kleidung, Autos, Kosmetik etc. ganz deutlich auf das Konto von b) geht.

Die Interaktion mit dem Kunden sollte also immer diese einfachen Tatsachen berücksichtigen auf denen so viele Handlungsmuster basieren.

2. Denken ist anstrengend.

Der menschliche Körper ist evolutionär darauf getrimmt, dass er möglichst wenig Energie verbraucht. Zu hoher Energieverbrauch gefährdet ganz massiv die unter 1) genannten Grundaufgaben. Das Gehirn ist allerdings im Verhältnis zu seiner Masse der größte Energieverbraucher im Körper und ist für ¼ des gesamten Energieumsatzes verantwortlich. Es steuert die Verteilung der Energie im Organismus und geht dabei auch sehr selbstsüchtig vor. Es versorgt zuerst sich selbst und die Vitalfunktion, was aus Überlebenssicht absolut sinnvoll ist. Denkvorgänge, die nicht dem Überleben oder Fortpflanzen dienen, sind aus energetischer Sicht zu unterlassen. Viele Beispiele zeigen, dass wir im täglichen Leben lieber denken lassen, anstatt es selber zu tun. Fast jede Entscheidung und die daraus resultierenden Handlungen werden daher vom Unterbewusstsein und von der Intuition gesteuert, die für unser gesamtes Leben gern die Verantwortung übernehmen.

Wie das funktioniert, können Sie gern bei sich selbst feststellen. Erinnern Sie sich an Ihre erste Fahrstunde? Sie mussten lernen, viele neue Dinge gleichzeitig zu tun. Jeden Handgriff mussten Sie bewusst ausführen. Schalten, kuppeln, blinken und zu allem Überfluss auch noch den richtigen Gang einlegen. Allein die Orchestrierung der Technik hat so viel Aufmerksamkeit erfordert, dass dem Verkehr und dem Fahrlehrer wenig Beachtung geschenkt wurde. Mittlerweile haben Sie diese Dinge automatisiert, Sie brauchen gar nicht mehr darüber nachzudenken, was Sie tun müssen, wenn Sie

z. B. abbiegen wollen. Ihnen ist das Autofahren in Fleisch und Blut übergegangen oder besser gesagt: Ihr Unterbewusstsein steuert nun viele Ihrer Handgriffe automatisch, während Sie sich auf andere Dinge konzentrieren können. Besonders fällt einem das auf bei Strecken, die man regelmäßig fährt. Ist es Ihnen auch schon einmal passiert, dass Sie so in Gedanken waren, dass Sie von der Strecke bewusst nichts mitbekommen und sich zuhause gewundert haben, wie Sie überhaupt angekommen sind?

Aus energetischer Sicht ist das optimal, während wir uns um die Nebensächlichkeiten des Lebens kümmern, hält das Unterbewusstsein unseren Laden in Ordnung. Mittlerweile hat die Wissenschaft erkannt, welche Rolle Intuition in unseren Entscheidungen spielt und wie wichtig es ist, diese Erkenntnisse in unserem Miteinander einfließen zu lassen. Ein australischer Gehirnforscher hat es einmal sehr treffend beschrieben: Das bewusste Handeln ist nur eine Marketingaktion unseres Unterbewusstseins, damit wir glauben, wir hätten alles im Griff!

3. Die Droge Dopamin.

Wir Menschen sind süchtig. Süchtig nach Glücksmomenten oder Situationen, die diese zur Folge haben. Für alle Gefühlszustände sind Hormone verantwortlich, Menschen sind also komplett hormongesteuert, auch wenn wir das nicht gern hören. Oxytocin ist für Bindung zuständig, Melatonin hilft uns beim Einschlafen und Serotonin und Dopamin machen uns glücklich. Das Dopamin spielt dabei eine große Rolle. Es ist ein sogenannter Neurotransmitter, der eine Beschleunigung der Kommunikation im Gehirn bewirkt. Drogen, die unser Belohnungszentrum im Gehirn beeinflussen, haben exakt die gleiche Auswirkung durch eine verstärkte

Dopaminausschüttung. Ob Schokolade, ein Shopping Erlebnis oder sogar eine gute Email: All das schenkt uns Glücksgefühle. Leider hält der Zustand des Glücks maximal 10 Sekunden an, dann möchte man ihn auf Grund des Suchtfaktors erneut ankurbeln. So entsteht ein Teufelskreis, den wir auch sehr gut bei uns selbst beobachten können.

Aber kommen wir zurück zu unserem Werkzeug! Wenn man diese Hauptmotive des Handelns von Menschen einmal erkannt hat, ist man schon ein gutes Stück in Richtung GMV Werkzeug unterwegs. Es resultieren wenige, aber elementare Gesetzmäßigkeiten, die ein erfolgreiches Handeln sicherstellen:

- Vereinfache alle Prozesse.
- Mache deinen Store und dein Sortiment übersichtlich.
- Unterlasse alles, was dem Kunden "Lebensgefahr" vermittelt (Schmutz, Unordnung, verdorbene Lebensmittel, negative Sinnesreize etc.)
- Verstärke das, was der Luststeigerung dient (Positive multisensorische Sinnesreize, Lächeln, Gespräche etc.).
- Zeige dem Kunden, dass du dich für ihn ins Zeug legst.

Das hört sich einfach an, und sicherlich ist jeder davon überzeugt, diese Grundsätze täglich umzusetzen. Für den Einen oder Anderen mag das stimmen, aber leider zeigt die tägliche Begegnung im Handel, dass es scheinbar doch ein Geheimnis zu sein scheint. Viele Maßnahmen sind ohne ein Zusatzbudget umzusetzen, denn es kostet nur ein Umdenken zum konsequenten Blick durch die Kundenbrille.

Vereinfachung ist dabei der wichtigste Faktor. Aus den oben genannten Gründen lieben Menschen Einfachheit. Man braucht nicht nachzudenken und kann jedes Handeln über seinen Autopiloten oder seine Intuition steuern. Dass Vereinfachung ein Erfolgsrezept ist, hat uns schon der Erfolg der Apple Produkte gezeigt. Eine Bedienungsanleitung ist nicht notwendig. Der Nutzer wird intuitiv angesprochen. Ein weiteres Beispiel, das Sie sicher kennen: Seit Jahren sind die Bücher der Simplify-Reihe sehr erfolgreich und zahlen so auf den Wunsch der Menschen nach Vereinfachung ein. Beim Bestreben nach Vereinfachung geht es absolut nicht darum, notwendige Komplexität zu reduzieren. Komplexität ist in unserer Welt nicht mehr wegzudenken und basiert fast ausschließlich auf Sachzwängen. Worum es mir geht, ist Kompliziertheit. Denn diese basiert auf Denkzwängen und ist gepaart mit dem Wunsch der Menschen, sich in gewisser Weise zu verewigen oder zu verwirklichen.

Aber wie entsteht Kompliziertheit? Das fängt sehr häufig bei den Strukturen an, aus denen große Unternehmen bestehen. Die Organigramme werden dominiert von Sultanaten und Königreichen, die mit entsprechenden Herrschern bestückt sind. Diese Herrscher sind von der Unternehmensleitung mit den entsprechenden Insignien der Macht gesegnet:

- Sekretariate, an denen jeder vorbei muss, der dem König Informationen über sein Reich überbringen möchte. Je größer die Macht, desto mehr Burgwächter beschützen ihn.
- Schreibtische von gigantischem Ausmaß. Es gibt eine klare und hierarchieabhängige Regelung über Größe und Holzart.

- Diese Regeln gelten auch für die Bürogrößen und Anzahl der Fenster, die jedem zustehen. Ganz oben angekommen ist man, wenn man in der oberen Etage ein Eck-Büro bezogen hat.
- Dienstwagen. Das Tabuthema in jeder Unternehmens-Umstrukturierung. Klar geregelt ist die Größe und Motorisierung, ja sogar Farbe und Felgentyp wird oft hierarchieabhängig zugeteilt.

Hat man einmal diese Zepter und Reichsäpfel verteilt, wird es für viele Machtinhaber schwer, auf diese jahrelang erkämpften Errungenschaften zu verzichten. Das Ziel vieler Führungskräfte besteht in der Bewahrung bzw. Erweiterung des Bestehenden und nicht in der Veränderung. Mit großem Aufwand werden die Prozesse und Produkthintergründe möglichst kompliziert gestaltet, um dem eigenen Dasein eine möglichst lange Berechtigung zu geben. Die unterstellten Mitarbeiter werden zum Großteil eingesetzt um das, was man in der Vergangenheit gemacht hat, zu sichern. Überlegen Sie einmal, wie viel Arbeit in Präsentationen gesteckt wird, die nur zum Ziel haben, möglichst viel vom Erreichten in die Zukunft zu retten. Diese und weitere Gründe für Kompliziertheit gilt es zu identifizieren und mit konsequenter Anwendung der GMV Methode trocken zu legen.

Betrachten wir aber einmal die Steuerung von Organisationseinheiten nach rein monetären Gesichtspunkten. Maximaler Benefit ist das Ziel, das unter anderem dafür sorgt, dass man die Kunden zu absoluten Pfennigfuchsern erzogen hat, die nur den Preis im Kopf haben. Mehr wird auch nicht in den Vordergrund gestellt. So ist man dann verwundert, dass andere Argumente scheinbar auch nicht ziehen. Man muss sich nur einmal die Organisation großer Unternehmen anschauen: Wie viele Menschen arbeiten daran, der Billigste zu sein und wer beschäftigt sich damit, der Beste zu werden? Der Billigste zu sein ist schon ein großer Aufwand für einen Erfolg, den man nur für kurze Zeit genießen kann. Die Maßnahmen, die dazu geführt haben, werden Dank der beteiligten Berater schnell vom Wettbewerb kopiert und verfeinert, um dann den Urheber zu unterbieten. Der Beste zu werden ist hingegen noch aufwändiger und nachhaltiger, sprengt von seiner zeitlichen Ausdehnung deutlich den Zyklus von gegenwärtigen Managerverträgen. Wer mag schon Investitionen in Prozesse verantworten, deren Erträge sein Nachfolger erntet?

Werkzeug Nr. 2: Vergiss es

Unternehmen besitzen so etwas wie ein kollektives Gedächtnis. Hat etwas besonderen Erfolg gebracht, wird es verfeinert und intensiviert. War etwas erfolglos, wird es für die Zukunft gemieden. Das ist alles richtig und ein elementarer Bestandteil der Evolution. Ein anderer Bestandteil der Evolution ist allerdings auch das Reagieren auf Veränderungen von außen, die neue Rezepte brauchen. Diese beiden Evolutionsgrundsätze bedingen aber, dass die Veränderung erkannt wird, um dann seine Strategie entsprechend anzupassen. Das ist nicht immer leicht zu bewerkstelligen, denn warum sind viele erfolgreiche Unternehmen in der Vergangenheit am eigenen Erfolg zugrunde gegangen? Denken wir doch einmal an die großen Namen der deutschen Nachkriegsgeschichte, die lange Weltmarktführer waren. Über Jahre wurde ein Geschäftsmodell entwickelt, das den Markt dominiert und zu großen Gewinnen geführt hat. Diese Marktmacht wurde ebenso dazu genutzt, sich aufkommende Wettbewerber erfolgreich vom Hals zu halten. Groß frisst klein, stark frisst schwach. Das Gesetz galt über einen langen Zeitraum.

Jahrelang hat sich diese Marktmacht und der Wettbewerbsvorteil wie ein Naturgesetz in der Unternehmenskultur und den Köpfen der Verantwortlichen festgesetzt. In einem sich verändernden Marktumfeld besteht aber genau darin die größte Gefahr. Obwohl der Markt ganz neue Konzepte verlangt, besteht die Antwort dieser Unternehmen aber aus einer bedingungslosen Intensivierung des bestehenden Modells. Das, was nicht mehr erfolgreich ist, wird mit großer Kraftanstrengung noch einmal aufgemöbelt und mit viel Druck in den Markt getrieben. Mehr Werbung, Intensivierung der Weiterentwicklung bestehender Produkte oder neue Zielvorgaben für den Vertrieb sind die Antwort. Wunderbar zu beobachten ist diese Entwicklung in der

Automobilindustrie. Das Grundprodukt ist mittlerweile über 100 Jahre alt und vom Prinzip her gleich geblieben. Seit dem Öl-Schock in den 1970er Jahren ist klar, dass sich dieses ändern muss. Aber Maschinenbauer bauen eben Maschinen, sie tun das, was sie gelernt haben und bis zur Perfektion können. Der Drang nach alternativen Konzepten kommt daher häufig aus anderen Branchen. Dies war wunderbar zu erkennen, als der Computerbauer Apple in den Telefonmarkt eingestiegen ist.

Will man aber etwas verändern, kommen häufig die Argumente "Ach, das haben wir bereits vor 5 Jahren schon einmal probiert" oder "Daran arbeitet die Abteilung xy schon seit 2 Jahren". Noch besser allerdings ist das Killerargument "Das ist nichts für unsere Kunden". Aber vielleicht etwas für die Kunden, die man jetzt noch nicht hat?

Sicherlich ist in all den Antworten viel Wahrheit und Erfahrung verborgen, ohne Zweifel. Aber man muss sich dabei immer die Zeithorizonte anschauen und vor allem die Personen, die daran beteiligt waren. Man kommt dann schnell mit folgenden Fragen auf Antworten, die alle oben genannten Argumente in ein neues Licht rücken:

Wie war das Marktumfeld zu der Zeit?

- Was war der Kundennutzen?
- Wie war die Zusammensetzung des Projektteams?
- Wessen "Sultanat" hätte das damalige Projekt berührt bzw. gefährdet?
- In welcher Währung wurde der Projekterfolg gemessen?
- Wie wurde das Projektziel ausformuliert?

Sicherlich fallen einem im Dialog noch mehr Fragen ein, die aufzeigen, dass sich die Welt Gott sei Dank doch weiter gedreht hat und sich einige Rahmenbedingungen radikal verändert haben. Deshalb ist vergessen so wichtig, denn Erinnerungen haben ihre Gültigkeit nur im entsprechenden Kontext.

Werkzeug Nr. 3: Wir sind da!

Das ist das wichtigste Tool im Werkzeugkasten, denn die Präsenz vor Ort ist ein Vorteil, der sich nicht so leicht kopieren lässt. Verfolgt man die Strategien der Onliner, so sind sie sehr darauf aus, auch mit einem physischen Store vertreten zu sein. ebay hat es in der Weihnachtszeit 2012 in Berlin schon einmal exerziert, und Amazon ist mit vergleichbaren Plänen unterwegs. Man sieht, dass dort der Wert der physischen Kundennähe erkannt wird, und man ist auch sicherlich neidisch auf viele Lagen, die von den stationären Händlern besetzt sind.

Der Store ist für mich das beste As, das ein Händler in seinem Blatt haben kann. Er hat damit den direkten Kommunikationskanal zu allen Sinnen des Kunden. Und die Frage ist letztendlich, wie man das As am besten ausspielt. Während der Onlineshop die Sinne des Kunden maximal über einen Monitor und mehr oder weniger gute PC Lautsprecher erreicht, kann der Offliner den Kunden in seiner multisensorischen Gesamtheit begeistern. Händler haben aber nicht mehr nur die Aufgabe, die Bevölkerung mit Ware zu versorgen. In den letzten Jahren sind noch folgende zusätzliche Jobs dazugekommen, die es zu erfüllen gilt:

1. Entertainment:

Händler müssen dem Kunden Erlebnisse bieten, denn kaufen ist nicht mehr nur ein Versorgungsprozess, sondern mehr und mehr ein Akt der Freizeitgestaltung. Die Wahrnehmung der Menschen wird ständig neu geprägt, Erlebnisse und Inspirationen werden in allen Lebensbereichen stark in den Vordergrund gestellt. Diese Entwicklung prägt bei den Konsumenten ein Bild, wie Handel auch zu sein hat. Mit der Konditionierung betreten sie die Verkaufsräume und wollen multisensorisch genau so angesprochen werden wie bei anderen Freizeitaktivitäten. Jetzt heißt es, den Kunden nicht nur zu begeistern, sondern zu verblüffen. Händler, die das jetzt schon konsequent anwenden, erfreuen sich an einem loyalen Kundenstamm.

2. Werte

Von allen Unternehmen wird verstärkt die Vermittlung von Werten erwartet. Es kommt nicht mehr allein darauf an, was man als Unternehmen macht, sondern auch, warum man es macht. Die Unternehmensethik ist ein elementarer Bestandteil des Marketings und der Unternehmenskommunikation geworden. Kein Unternehmen kann sich mehr erlauben, in der 3. Welt unter menschenunwürdigen Bedingungen zu produzieren oder seine Produkte mit hoher Umweltbelastung herzustellen. Vor 20-30 Jahren sah das noch ganz anders aus, denn die Werte spielten eine eher untergeordnete Rolle. So konnte z.B. Anton Schlecker über viele Jahre ein internationales Unternehmen aufbauen, dessen Profitabilität aus der "Leistungsoptimierung" seiner Mitarbeiter bestand. Dieses Erfolgsrezept hat sich in der DNA des Unternehmens sehr stark verankert. Der Zeitpunkt, als dies von den Kunden nicht mehr akzeptiert wurde, ist aus diesem Grund komplett übersehen worden. Was aus dem Unternehmen geworden ist, wissen wir alle. Götz Werner (dm-Märkte) als sein Wettbewerber hat das immer schon erkannt und liefert genau die Werte, die seine Kunden erwarten. Allein über seine Unternehmensphilosophie lohnt es sich, ein Buch zu schreiben!

Werkzeugkasten auf und los!

Jetzt gilt es, die drei Werkzeuge anzuwenden und dort, wo es Sinn macht, diese zu kombinieren. Händler müssen sich klar machen, welche Bedürfnisse der Kunden durch ihr Angebot wirklich befriedigt werden und dieses dann mit dem entsprechenden Kontext anzureichern. Einen guten Wein kauft man nicht, um einen guten Wein zu trinken. Einen guten Wein kauft man, um ihn in einer schönen Atmosphäre und mit netten Menschen in einem geselligen Akt zu genießen. So ist Wein allein kein Nahrungs- oder Genussmittel mehr, sondern hat zudem die Aufgabe des Sozialisierungs- und Kommunikationskatalysators. Schuhe sollen nicht nur der Fußbedeckung dienen, sondern sind zumindest bei Frauen ein wunderbares Kommunikationsmittel. Haben Sie sich schon mal die Schuhe von Damen angesehen und identifiziert, was diese über die Trägerin aussagen? Schauen wir uns einmal an, wie der klassische Schuhhandel darauf reagiert: Schmuddelige Teppiche, unmögliche kleine Spiegel, Regale, die nach Größen geordnet sind, statt nach Styles. Effizienz bestimmt das Shopdesign, aber nicht die Emotionen, die gerade beim Schuhkauf der Auslöser Nr. 1 sind.

Es gilt zu verstehen, was in der Sekunde der Kaufentscheidung die Kunden bewegt bzw. berührt, und das ohne Schnickschnack. Sich auf Augenhöhe mit dem Kunden zu begeben, in den Dialog treten, die Menschen fragen und vor allem beobachten! Wenn man zeigt, dass man sich für sie (und nicht für ihr Portemonnaie) interessiert, werden Sie sich auch für den Handel und sein Angebot interessieren.

Viele Unternehmen haben es vorgemacht, wie man Kunden zu Fans macht. Ein Erfolgsrezept haben aber diese alle gemeinsam: sie sind Fans ihrer Kunden!